耕作与保墒措施对土壤物理与作物的影响及其模拟研究

杨永辉　丁晋利　武继承　等著

黄河水利出版社

·郑州·

内 容 提 要

这是一本关于耕作与水肥高效利用的综合性著作,系统地阐述了耕作保墒措施对土壤水分环境、土壤水分参数、土壤结构、土壤碳氮循环、植株碳氮积累与转运等土壤环境因子与碳氮循环利用,耕作保墒措施对作物生长发育、光合与生理特性、水分利用等作物效应的影响,并借助 RZWQM2 模型进行了系统模拟,系统揭示了耕作保墒措施的增产增效机制。

本书可供从事旱作农业、耕作栽培、农学、节水农业、作物高效用水、水土保持等学科领域的科研工作者、教育工作者参考使用,也可供从事基层农业技术推广应用单位进行相关技术的推广应用。

图书在版编目(CIP)数据

耕作与保墒措施对土壤物理与作物的影响及其模拟研究/杨永辉等著. —郑州:黄河水利出版社,2020.2
ISBN 978 - 7 - 5509 - 2598 - 4

Ⅰ. ①耕⋯　Ⅱ. ①杨⋯　Ⅲ. ①保墒 - 影响 - 土壤物理学 - 研究②保墒 - 影响 - 作物 - 研究　Ⅳ. ①S152②S5

中国版本图书馆 CIP 数据核字(2020)第 030713 号

出　版　社:黄河水利出版社　　　　　　　　　　网址:www.yrcp.com
　　　　　　地址:河南省郑州市顺河路黄委会综合楼 14 层　　邮政编码:450003
发行单位:黄河水利出版社
　　　　　　发行部电话:0371 - 66026940、66020550、66028024、66022620(传真)
　　　　　　E-mail:hhslcbs@126.com
承印单位:虎彩印艺股份有限公司
开本:787 mm×1 092 mm　1/16
印张:12
字数:277 千字　　　　　　　　　　　　　　印数:1—1 000
版次:2020 年 2 月第 1 版　　　　　　　　　印次:2020 年 2 月第 1 次印刷

定价:68.00 元

前　言

保护性耕作是一项新型的农业耕作技术,是在经受长期的水土流失及沙尘危害后逐渐研究并发展推广起来的。20 世纪 20～30 年代,震惊世界的"黑风暴"事件最早在美国发生,主要原因是大型机械多频次大面积翻耕农田,加之气候持续干旱,土壤沙化风蚀严重,导致了黑风暴的发生。1935 年美国成立土壤保持局,并组织土壤相关领域专家,研究并改进传统深翻土壤的耕作方法,将少耕、免耕覆盖和深松等保护性耕作措施进行推广。目前,保护性耕作已在全球 70 多个国家推广并应用,其中,美国、加拿大、澳大利亚、巴西、阿根廷等国的推广面积已占本国耕地面积的 40%～70%。20 世纪 70 年代末,我国保护性耕作技术开始引进并进行免耕、深松和秸秆覆盖等单项保护性耕作试验研究。至 2017 年底,我国保护性耕作应用面积达 1 亿多亩。

保护性耕作是以免耕和秸秆覆盖为中心的耕作技术,通过少耕、免耕及秸秆还田等措施,减缓土壤侵蚀和沙尘危害、提高土壤保水保肥能力及抗旱节水能力,并减少温室气体排放,提高土壤固碳能力。大量研究表明,我国北方实施保护性耕作后能够有效减少地表径流 50%～60%,提高土壤入渗率,降低土壤侵蚀。秸秆覆盖显著减少土壤蒸发,提高水分利用效率,多年平均增产 4.35%。

耕作保墒措施是改土、培肥、提高水肥利用效率的重要途径之一。但是由于我国地域辽阔,气候、土壤及作物类型多样,保护性耕作技术种类多且分散,河南省保护性耕作研究仍处于试验阶段。河南省属易旱区,水资源匮乏及季节性干旱成为限制农业发展的主要因素,加之长期不合理耕作,土壤结构恶化,蒸发量增加,有机质矿化加剧,导致土壤水分亏缺、肥力降低。因此,结合河南省实际情况研究保护性耕作增产增效机制,制定适宜的区域耕作模式,对保护性耕作的推广具有重要意义。

本书是在国家重点计划研发项目(2017YFD0301102)、国家"863"计划项目(2013AA102904 - 2)、国家自然基金项目(U1404404)、河南省科技攻关项目(182102110060)的共同资助下完成的,系统地阐述了耕作保墒措施目前研究的现状与进展,耕作保墒措施对土壤水分、结构、碳氮循环等土壤环境因子及作物生长发育、光合生理特性、水分利用等作物效应的影响,并借助 RZWQM2 模型进行了系统模拟,系统揭示了耕作保墒措施的增产增效机制。其中第 1 章由杨永辉、丁晋利、武继承等撰写,第 2 章由杨永辉、潘晓莹、郑惠玲等撰写,第 3 章由杨永辉、潘晓莹、武继承等撰写,第 4 章由杨永辉、武继承、丁晋利等撰写,第 5 章由杨永辉、武继承、郑惠玲等撰写,第 6 章由杨永辉、武继承、康永亮、郑惠玲等撰写,第 7 章由杨永辉、潘晓莹、郑惠玲等撰写,第 8 章由杨永辉、武继承、康永亮等撰写,第 9 章由丁晋利、魏红义、杨永辉等撰写,第 10 章由丁晋利、魏红义、杨永辉等撰写。

本书可供从事旱作农业、耕作栽培、农学、节水农业、作物高效用水、水土保持等学科领域的科研工作者、教育工作者参考使用,也可供从事基层农业技术推广应用单位进行相关技术的推广应用。

杨永辉

2019 年 11 月

目　录

第 1 章 综 述

1.1 研究背景、目的及意义

河南省是我国冬小麦－夏玉米主产区之一,拥有发展粮食生产的良好条件,在全国粮食生产中具有举足轻重的地位。然而,河南省属易旱区,水资源匮乏及季节性干旱成为限制河南省农业发展的主要因素,加之长期不合理的耕作方式,破坏土壤结构,蒸发量增加,有机质矿化加剧,导致土壤水分亏缺,肥力降低。保护性耕作作为一项先进的农业耕作技术,能够减缓土壤侵蚀和沙尘危害,增强土壤蓄水保墒能力,提高土壤肥力并具有节能降耗和节本增效的功能。近年来,我国保护性耕作经过多年试验取得了一定成效,截至2017 年底,我国保护性耕作应用面积已有 1 亿多亩❶。但是,由于我国地域辽阔,气候、土壤及作物类型多样,保护性耕作技术种类多且技术分散,河南省保护性耕作研究仍处于初级阶段。因此,结合河南省实际情况研究保护性耕作增产增效机制,制定适宜的区域耕作模式对保护性耕作的推广具有重要意义。

大量研究表明,保护性耕作不仅可以改善土壤特性,提高田间水分利用效率,达到保水、保肥和增产的目的,还可以有效促进农田生态系统的良性循环,提高资源利用率。免耕和深松等保护性耕作措施能够改善土壤结构,提高土壤含水量,富集土壤有机质和全氮含量,进而提高作物产量。然而,目前关于保护性耕作多是土壤水肥效应的研究,对于保护性耕作对土壤理化性质、作物的效应以及应用作物生长模型进行保护性耕作的研究相对较少,而这些对保护性耕作未来发展效果的预判与评估至关重要。因此,通过研究不同保护性耕作对土壤理化性质、土壤水肥特征及其影响因素和对作物影响的综合效应,为河南省建立适宜的保护性耕作制度提供科学理论依据。

1.2 国内外研究进展

随着全球气候变暖,干旱程度进一步加剧,农业生产受水分条件的限制逐步加重。作物棵间蒸发是作物生长过程中水分无效损耗的重要途径,采用地面覆盖、保护性耕作、施用有机肥及土壤调理剂等措施改善土壤结构,能有效减少作物棵间蒸发量,提高水分的有效利用,因为地表覆盖、有机肥及土壤调理剂均可改变土壤的理化性质,改善土壤孔隙状况,促进水分入渗,提高土壤储水量,且能够抑制土壤蒸发,减少土壤无效水分损耗,从而间接影响土壤水分的再分布过程。

---

❶ 1 亩 = 1/15 hm² ≈ 666.67 m²。

1.2.1　保护性耕作研究进展

　　保护性耕作作为一项先进耕作技术,在国际上尚无统一定义,Coote et al. (1989)以秸秆覆盖度为标准,认为农田表面覆盖不少于30%的耕作方式为保护性耕作。也有学者将保护性耕作从功能上定义,认为保护性耕作是一种尽可能将土壤翻转降到最低,只要能保证种子发芽即可,能保持土壤水分,减少水土流失的耕作措施。我国学者在国外研究基础上,结合我国实际情况,将保护性耕作定义为:通过少耕、免耕等微地形改造技术及地表覆盖、合理种植等综合技术,减少土壤侵蚀,最终达到经济效益、生态效益和社会效益协调发展的目的。

　　保护性耕作是一种新型土壤耕作模式,是在经受长期的水土流失及沙尘危害后逐渐研究并发展推广起来的。20世纪20~30年代,震惊世界的"黑风暴"事件最早在美国发生,主要原因是大型机械多频次大面积翻耕农田,加之气候持续干旱,土壤沙化风蚀严重,导致了黑风暴的发生。针对严重的风蚀情况,1935年土壤保持局在美国成立,并组织土壤相关领域专家,研究并改进传统深翻土壤的耕作方法,并制作凿式犁等不翻土的农用器具,将少耕、免耕、秸秆覆盖和深松等保护性耕作措施进行推广。目前,保护性耕作已在全球70多个国家推广并应用,其中,美国、加拿大、澳大利亚、巴西、阿根廷等国的推广面积已占本国耕地面积的40%~70%(农业部和国家发展改革委通知,2009)。

　　20世纪70年代末,我国保护性耕作技术开始引进并进行免耕、深松和秸秆覆盖等单项保护性耕作试验研究,但由于当时耕作技术、农业器具及经济发展水平不高,限制了保护性耕作技术的推广和应用,这些保护性耕作技术仅在部分地区进行了小规模的示范试验。20世纪90年代,我国现代农业科学技术的进步促进了保护性耕作技术的研究与推广并取得了一定成效。根据农业部和国家发展改革委《保护性耕作工程建设规划(2009~2015年)》通知,截至2007年底,保护性耕作技术已在我国北方15个省(区、市)的501个县设点示范,实施面积3 000多万亩,涉及400多万农户。

　　保护性耕作是一项以免耕和秸秆覆盖为中心的先进农业耕作技术,通过少耕、免耕及秸秆还田等耕作措施,减缓土壤侵蚀和沙尘危害,提高土壤保水保肥能力及抗旱节水能力。大量研究表明,我国北方实施保护性耕作后能够有效减少地表径流50%~60%,提高土壤入渗率,降低土壤侵蚀。秸秆覆盖显著减少土壤蒸发,提高水分利用效率,多年平均增产4.35%。保护性耕作可减少温室气体排放,提高土壤固碳能力。很多研究表明,采用合理的耕作或保墒措施,可改善土壤水分环境,缓解因水分不足对作物造成的伤害。如秸秆覆盖可减少土面蒸发,增强土壤的蓄水保墒能力。赵小蓉等(2009)研究表明,秸秆覆盖后土壤含水率比不覆盖高17.7%~75.9%,小麦产量比不覆盖处理增产6.3%~19.5%,且比翻耕覆盖增产3.2%~8.0%。宋淑亚等(2012)研究结果显示,旱作玉米农田使用地膜覆盖有较好的保墒增产效果。而免耕施肥播种、深松与表土作业等保护性耕作技术,可实现节水保墒,增加土壤有机质,改良土壤结构,增强土壤微生物活性,降低干旱胁迫对作物的伤害,且能够促进土壤肥力的提高和改善土壤孔隙,从而有利于作物正常生长。刘定辉等(2009)研究表明,秸秆还田与免耕结合可改善耕层土壤孔隙和土壤结构,有利于提高土壤持水能力和蓄水量。有机肥能够增加土壤有机质含量,改善土壤结构,促进土壤蓄水保墒,提高作物产量和水分利用率。同时,有机肥与无机肥结合施用,可改善土壤团粒结构及其稳定性,从而有利于水分在土壤中的保持,改善土壤水分环境。同时,有机粪肥可提高土壤有机质含量,改善土壤结构,促进土壤蓄水保墒。而施用适量的保水剂,能够改善土壤结构与孔隙状况,且具有保水保肥、减少土壤蒸发、提高作物抗旱能力等作用。在沙质潮土区,杨永辉等(2014)采用不同耕作与保墒措施,初步研究了小麦、玉米周年水分利用特征,且发现深松增产节水效果最佳。但是由于保护性技术种类多且技术分散,效果不一。因此,必须结合我国不同区域特点研究保护性耕作技术下农田土壤水碳氮的特征,可为保护性耕作的推广提供科学理论依据。

1.2.1.1　保护性耕作对土壤物理性质的影响

保护性耕作由于耕作强度降低,加之秸秆覆盖可减少土壤水分蒸发,提高土壤保水和持水能力,减少土壤流失量,具有较强的保墒保肥功能。容重是表征土壤物理性质的重要指标之一,影响土壤孔隙度和孔隙大小、分布状况及土壤的穿透力,进而影响土壤的下渗。免耕覆盖处理可以使土壤容重降低,孔隙状况改善,增加土壤持水性,具有较强的保墒效果。免耕对土壤容重的影响结果因区域、耕作年限而异。有研究表明免耕和其他耕作方式对土壤容重的影响差别不大。王昌全等(2001)通过 8 年长期定位试验研究发现,免耕容重低于传统耕作容重且随免耕年限呈下降趋势,容重减小改善了土壤物理性状,提高了有机质、全氮、速效磷和速效钾含量,进而提高了作物产量。然而,有研究表明多年免耕使土壤容重增加,不利于作物增产。Fabrizzi et al. (2005)研究结果表明,多年免耕使土壤压实,土壤容重增大,导致作物根系吸收土壤水分和养分困难。Dam et al. (2005)通过 11 年的传统耕作、免耕和旋耕试验,研究发现免耕更容易导致土壤表层 0 ~ 10 cm 土层容重的增加,比传统耕作容重提高 10%。张大伟等(2009)研究表明,土壤容重随着耕作深度的增加呈下降趋势,且连续两年免耕的容重显著高于深翻耕处理。也有研究表明免耕条件下 0 ~ 20 cm 和 20 ~ 40 cm 土层土壤容重显著高于传统耕作。深松耕作和秸秆覆盖均能降低土壤容重,提高总孔隙度和水分含量,增加土壤的通透性,有利于作物生长发育,作物增产显著。赵亚丽等(2014)研究表明,深松耕作和秸秆还田处理均可以降低 20 ~ 40 cm 土层土壤容重,其中深松耕作较传统耕作降低 5.2%,秸秆还田较秸秆不还田降低 2.0%。Zhang et al. (2014)研究表明,秸秆还田处理能够显著降低土壤耕层容重,提高土壤总孔隙度(0 ~ 40 cm)和水分含量,作物增产明显。刘义国等(2013)通过不同秸秆还田量试验发现,秸秆还田可以显著降低 0 ~ 30 cm 土壤容重,增加土壤孔隙度。

土壤饱和导水率是反映土壤渗透性能的重要指标之一。罗珠珠等(2005)研究结果表明,免耕可以提高土壤的饱和导水率。免耕秸秆处理由于土壤表层覆盖秸秆,可减少雨滴对土壤的打击,避免土壤团粒结构被破坏,显著增加有效毛细管,提高毛细管之间的连续性,加速水分的运动,提高作物吸收水分的能力。许迪等(1999)研究表明,土壤容重与田间饱和导水率存在着显著的非线性关系,即当容重由 1.15 g/cm³ 增加到 1.39 g/cm³ 时,田间饱和导水率减小 84%。

土壤孔隙度和孔隙的合理分布对土壤的通气透水性有重要影响,进而影响土壤水分和空气的传导及作物根系的吸水。朱文珊等(1988)研究发现,免耕处理下土壤孔隙分布合理,且在作物整个生育期保持稳定,孔隙孔径小且连续性强,促进作物根系生长和吸收水分。但也有研究表明免耕能够增加容重,减少土壤孔隙度。李德成等(2002)利用数字图像方法,研究了室内试验和自然田间免耕条件下的土壤结构演化状况,图像定性表明团聚体和孔隙大小与免耕时间有关,随着免耕时间延长,可显著增加大团聚体和大孔隙数量。近年来,应用CT扫描技术分析土壤的孔隙度和孔隙空间分布状况等成为土壤孔隙特征研究的新方法。与常规土壤物理分析方法相比,CT扫描方法具有对土体非破坏性分析、分析精度较高(mm至μm尺度)等优点。相关研究表明,利用CT扫描图像处理技术可以研究土壤孔隙的分布、土壤密度空间分布及大小、土壤孔隙度、孔隙表面分形维数、土壤含水量空间分布和非饱和导水率等土壤性质。同时,CT扫描技术可准确揭示大孔隙(直径>1 mm)的数目、大小和位置,且由土壤容重算出的总孔隙度与由CT得出的结果较为一致。此外,学者们对含有各种大孔隙的原状土柱或填充土柱进行了CT扫描试验,得到了大孔隙数目、大小、形状和连通性在土柱横断面和纵断面上的分布。

土壤团聚体是土粒通过胶结团聚过程形成的最基本的土壤结构单元,不同粒级团聚体改善土壤结构及固定土壤有机碳的作用不同,耕作方式通过影响不同粒级团聚体之间的转化和再分布,进而影响土壤结构和抗侵蚀能力。以免耕为代表的保护性耕作可增加土壤团聚体数量,改善土壤表层结构。王勇等(2012)通过9年不同耕作的定位试验,研究了深松、旋耕、免耕和传统耕作4种耕作措施对关中小麦–玉米轮作条件下土壤水稳性团聚体的影响。结果表明,与传统耕作相比,深松、旋耕、免耕措施均提高了0~40 cm土层中>2 mm和0.25~2 mm大团聚体含量,在玉米秸秆不还田的条件下,隔年深松比连年深松更有利于0~30 cm大团聚体形成。张国盛等(2008)指出,长期保护性耕作、草田轮作或多年生草地均有利于提高表层土壤结构稳定性。李景等(2014)通过分析豫西丘陵区15年不同耕作措施对土壤水稳性团聚体的分布特征,认为免耕和深松均提高了>2 000 μm粒级团聚体的相对含量,降低了<53 μm粒级团聚体的相对含量,显著提高了土壤团聚体平均质量直径(MWD),提高幅度分别为18.0%和12.2%。土壤团聚体是形成土壤结构的基本单元,而土壤分形维数是表征土壤团聚体分布状态的主要指标。梁爱珍等(2009)和张鹏等(2012)研究表明,免耕、秸秆还田处理较传统耕作降低了团聚体的分形维数。严波等(2010)在宁南旱区研究连续免耕和免耕深松轮耕组合对团聚体的影响,结果表明免耕/深松的轮耕方式更有利于土壤团聚体含量稳定性并增加土壤团聚体含量。程科等(2013)认为免耕/深松轮耕模式较深松/翻耕与翻耕/免耕这两种轮耕模式提高耕层团聚体含量与稳定性,改善旱地土壤结构。蔡立群等(2008)认为麦豆轮作条件下保护性耕作均能提高土壤水稳性团聚体和团聚体稳定率。

不同耕作方式通过影响水分含量和土壤容重进而影响土壤热特性。有研究表明,免耕在0~20 cm的温度低于传统耕作,而水分利用效率高于传统耕作。陈继康等(2009)通过研究冬小麦不同耕作方式(免耕、翻耕、旋耕和免耕覆盖)对土壤温度热特性的影响,结果表明免耕在气温降低阶段有"增温特性",在气温升高阶段有"降温效应";免耕在播种分蘖期降低土壤日平均温度,推迟出苗、分蘖;在越冬期具有较高的土壤日平均温度,但低温持续时间长,推迟返青时间,免耕较传统耕作热量利用率低。宋振伟等(2012)设置传统垄作、平作播种中耕起垄和全生育期平作3种耕作处理对土壤温度、水分和产量的影响,结果表明平作播种中耕起垄总体可以提高苗期最低土壤温度和耕层储水量,增加中后期土壤集雨量,促进作物产量而不同耕作方式土壤热容量,导热率和热扩散系数无明显差异。Licht 和 Al-Kaisi(2015)研究认为,条带耕作较免耕提高土壤表层(0~5 cm)温度,促进作物出苗。玉米秸秆覆盖冬小麦后,最高地温比对照低,日最低地温比对照高,日振幅减小,温度变化较对照平缓;冬季具有提高土壤温度的作用,春季则有降低地温的作用,推迟生育期,使小麦产量降低。Fabrizzi et al.(2005)研究结果表明免耕在玉米关键生育期平均温度较低,土壤温度最大值比少耕低,最小值比少耕高。

1.2.1.2 保护性耕作对土壤水分的影响

保护性耕作具有良好的蓄水保墒效果。与传统耕作相比,免耕能够显著提高土壤表层含水量,随着剖面加深,土壤含水量的差异逐渐减小。张海林等(2002)研究认为,与传统耕作相比,免耕土壤储水量提高10%,土壤蒸发量和耗水量分别减少约40%和15%,但其蓄水保墒效果受区域、气象、季节降雨量等因素影响。郭晓霞等(2010)通过比较5种不同耕作措施发现,免耕处理土壤含水量有逐年增加的趋势,尤其是留茬覆盖处理增加效果更明显。旱作条件下免耕覆盖和深松覆盖均有利于提高水分利用效率和籽粒产量。毛红玲等(2010)研究认为,冬小麦整个生育期免耕和深松耕作土壤储水量(0~200 cm)较传统耕作分别增加了5.5%和4.5%。但也有研究表明,在较干旱年份免耕蓄水保墒效果优于深松。De Vita et al.(2007)研究发现,在降雨量小于300 mm 时,免耕在小麦整个生育期的水分利用率和产量都显著高于传统耕作。免耕覆盖秸秆处理能够降低土壤容重,提高土壤入渗率和土壤储水量,降低土壤水分蒸发和散失。赵聚宝等(1996)根据长期的定位试验分析秸秆覆盖对土壤蓄水、保水和供水的影响,结果表明,秸秆覆盖后土壤蓄水量增加、蒸发量减少,抑制冬小麦越冬期—拔节期蒸发率21.5%,使作物苗期耗水减少,关键期耗水增加,这表明免耕秸秆蓄水保墒效果更优。

土壤蒸发是土壤水分损失的重要途径,在小麦、玉米生长季内40%以上的耗水量为株间土壤表面的无效蒸发,而利用秸秆覆盖或地膜覆盖能显著地减少株间蒸发量,提高水分的利用效率,因为地表覆盖后改变了土壤的理化性质,使土壤具有良好的孔隙状况,增加入渗量,提高土壤储水量,且抑制土壤蒸发,减少土壤无效水分损耗,从而间接影响土壤水分的再分布过程。相关研究表明,覆盖玉米秸秆较传统耕作更利于水分利用效率的提高,而免耕覆盖玉米的蒸腾量与蒸发量比值远大于常规耕作,从而促进了水分的有效利用。麦田秸秆覆盖后,能促进降雨的入渗,抑制土壤水分蒸发,提高深层土壤的水分蓄存,有利于植物根系下扎和利用深层土壤水分;同时秸秆覆盖可抑制杂草生长,减少水分无效消耗。而地膜覆盖后,土壤水分受地膜的物理阻断,切断了与大气的交换,减少了地表裸露面积,因此减少了水分的散失,使土壤含水量相对稳定。相关研究表明,旱作小麦、玉米农田使用地膜覆盖有较好的保墒增产效果。

此外,免耕与深松组成的轮耕模式也能够显著提高土壤蓄水保墒效果。侯贤清等(2012)研究认为,免耕和深松隔年轮耕是宁南旱区比较合理的耕作模式,能够有效储蓄夏秋降雨,显著提高降水有效利用率和作物产量。李娟等(2015)根据6年大田试验研究发现,免耕/深松模式与连续传统耕作相比显著提高冬闲期0~200 cm 土层蓄水效率和作物产量,是该地区蓄水保墒效果最优的耕作模式。张玉娇等(2015)应用 WinEPIC 模型长周期定量模拟研究了1980~2009年渭北旱塬连作麦田连续翻耕、免耕/深松轮耕、翻耕/

深松轮耕、免耕/免耕深松轮耕和免耕/翻耕/深松轮耕不同保护性轮耕方式下冬小麦产量和土壤水分效应,认为免耕/深松轮耕处理能够兼顾麦田产量和土壤蓄水保墒效果,为渭北旱塬麦田最适宜的保护性轮耕模式。

1.2.1.3　保护性耕作对土壤有机质的影响

土壤有机碳是评价土壤质量的重要指标,其动态平衡直接影响土壤肥力和作物产量。保护性耕作措施通过改变土壤结构,增加土壤有机质,提高土壤固碳能力。与传统耕作相比,免耕能够显著增加 0 ~ 40 cm 土层有机质。也有学者认为,少耕和免耕处理主要在土壤表层几厘米的深度增加土壤有机碳,并不总是增加整个土壤剖面的土壤有机碳,表现出明显的层化现象,即土壤表层有机碳含量高,随着深度的增加,有机碳含量下降,甚至出现较低的水平。胡宁等(2010)对比研究了传统犁耕和 6 年免耕秸秆覆盖条件下的土壤有机碳和氮储量,结果表明,免耕可以提高有机碳、氮储量,并具有明显的表层富集现象。魏燕华等(2013)研究了不同耕作方式对深层土壤固碳和碳库指数的影响,结果表明,土壤有机碳含量随土层深度增加呈下降趋势,免耕显著增加了土壤表层有机碳含量,碳库管理指数受传统耕作影响较大。也有研究表明,免耕 3 年或 5 年后全耕层有机质含量均表现出表层富集效应,但不同耕作处理无显著性差异。合理的耕作措施对固碳减排具有重要的意义。李长生(2000)采用 DNDC 模型研究保护性耕作固碳效应,结果表明,免耕可减少因耕作造成的碳损失,被认为是农田固碳减排最有效的措施之一。秸秆还田能够增加土壤有机质,提高微生物量碳氮的固持效果。张振江(1998)通过秸秆还田试验表明,与未秸秆还田处理相比,秸秆还田 3 年有机质含量增加 10 g/kg。李成芳等(2011)研究结果表明,免耕秸秆还田能够促进土壤微生物作用,提高土壤有机碳含量,增加土壤碳库,且随秸秆还田量的增加,固碳量也随之增加。

另外,耕作措施对土壤有机碳的影响与耕作年限有关,且短期免耕与长期免耕土壤有机碳储量的研究结果不尽相同。梁爱珍等(2006,2009)研究表明,免耕处理的耕层土壤有机碳含量在短期内并未明显增加,反而有所降低。而长期免耕能够显著增加土壤表层碳储量。Blanco-Canqui 和 Lal(2008)评估长期免耕对土壤有机碳和氮的影响,结果表明,免耕在表层增加有机碳,但土壤有机质在整个剖面并没有显著增加。Lopez-Fando 和 Pardo(2011)通过 17 年的监测发现,免耕相对其他耕作表层(0 ~ 5 cm)有机碳增加,随深度的增加土壤碳含量减少。为了探讨保护性耕作固碳机制,李景等(2015)研究了长期保护性耕作对土壤团聚体和土壤有机碳的影响,结果表明,免耕覆盖和深松覆盖显著增加了土壤表层团聚体有机碳的含量,>2 000 μm 团聚体较传统耕作有机碳分别提高了 40% 和 27.6%。随着耕作年限增加,免耕覆盖和深松覆盖土壤表层大团聚体有机碳含量增加,微团聚体有机碳含量降低。

1.2.1.4　保护性耕作对土壤氮素的影响

土壤全氮是衡量土壤质量的重要指标之一。保护性耕作能够显著提高土壤表层全氮含量。张大伟等(2009)研究表明,免耕可显著提高土壤表层(0 ~ 7 cm)全氮含量。Sainju et al. (2002)通过 7 年的耕作试验认为,免耕条件下降低土壤微生物的分解作用并降低了氮素侵蚀等损失,进而导致土壤中氮浓度增加。然而,由于区域条件、作物品种和种植制度多样,免耕对深层土壤全氮含量的影响并不一致。有研究表明,免耕显著提高土壤 0 ~

5 cm 土层的全氮含量,但对 5~30 cm 的土层全氮影响较小。胡宁等(2010)通过对辽宁彰武县保护性耕作示范推广基地的田间调查研究发现,与传统的犁耕相比,6 年免耕覆盖不同程度地提高了 0~5 cm 和 5~15 cm 土层的氮储量,对 15 cm 以下土层没有影响。Varvel 和 Wilhelm(2011)认为,免耕与传统耕作相比显著提高土壤 0~150 cm 土层全氮含量。耕作试验年限对土壤全氮含量有影响,Dalal(1992)通过比较 20 年和 40 年耕作试验,结果表明,长期保护性耕作对 0~150 cm 土层全氮含量的影响较小,土壤全氮含量并不随着耕作年限的增加而持续增加。此外,在我国西北和东北地区进行长期耕作试验研究表明,与传统翻耕相比,免耕秸秆还田措施均显著提高表层全氮含量,而对深层土壤全氮含量影响不大。

土壤硝态氮淋失是氮素损失的重要途径之一。免耕能够显著提高土壤 0~90 cm 土层硝态氮含量而降低 90~180 cm 上层硝态氮含量,说明免耕有利于硝态氮累积在 0~90 cm 土层,减轻硝态氮淋溶到地下水而造成的环境污染。然而,也有研究表明,免耕易使土壤形成连续的大孔隙而造成渗漏量增加,进而导致硝态氮淋溶增强。而 Mkhabela et al.(2008)认为,不同耕作措施对硝态氮渗漏量的影响不显著。Zhang et al.(2011)研究表明,免耕渗漏液中硝态氮含量高于翻耕的主要原因是免耕反硝化率高导致 NH_3 和 NO_2 排放量增加。何传瑞等通过 8 年的定位试验研究表明,免耕秸秆覆盖增加了硝态氮自耕层向深层的垂直运移和淋溶损失,但对铵态氮影响不显著。同时,研究表明深松耕作增加了硝态氮向 80~120 cm 土层淋溶。综上,保护性耕作对土壤氮素淋溶损失的结论并不完全一致,有待深入研究。

土壤 NH_3 和 N_2O 气体的排放也是氮素损失的途径之一。Mkhabela et al.(2008)通过两年试验研究发现,由于免耕条件下土壤水分和土壤有机质高于传统耕作,因此免耕能够显著增加 NH_3 气体和 N_2O 气体的排放。Rochette et al.(2009)研究发现,免耕条件下土壤脲酶升高,加速了氮肥的水解,使铵态氮含量增加,土壤 pH 值增加,进而提高 NH_3 气体挥发。Zhang et al.(2011)研究认为,免耕条件下施用复合肥后显著增加 NH_3 气体和 N_2O 气体排放,但在施肥情况下,免耕和传统耕作对 NH_3 气体和 N_2O 气体排放差异不显著。曹凑贵等(2010)研究不同氮肥类型和耕作方式下氨挥发特征,结果表明,稻田翻耕总 NH_3 气体挥发量是免耕处理下的 70%,显著降低 NH_3 气体挥发。一般认为,免耕土壤容重增加,土壤含水量较高使土壤通透性降低,反硝化作用增强导致 N_2O 气体增加。而 Elder 和 Lal(2008)则认为免耕较传统翻耕容重增大,充气空隙与总孔隙之比减小,通气性差限制了 N_2O 气体排放。Choudhary et al.(2002)认为,由于测量方法存在差异,免耕和传统翻耕 N_2O 气体排放差异不明显。Mutegi et al.(2010)研究发现,与传统翻耕相比,深松秸秆覆盖 N_2O 气体排放量显著降低,而无秸秆覆盖条件下,深松耕作与传统翻耕 N_2O 气体排放无显著差异。有研究表明,N_2O 气体排放与土壤性质有关,在通气性良好的土壤,免耕对 N_2O 排放与其他耕作无显著差异,而在通气性较差的土壤,免耕能够显著提高 N_2O 排放。

1.2.1.5 保护性耕作对作物产量的影响

产量的形成与作物所生长环境息息相关,而生长环境复杂而多变,因此保护性耕作对作物产量的影响结果不同。国内外大量研究表明,保护性耕作能够增加土壤的含水量和土壤肥力,进而提高作物的产量。有研究表明,保护性耕作能够提高作物产量主要有三方面的原因:①通过减少土壤扰动,增加秸秆覆盖,降低土壤水分蒸发,保持土壤水分;②改善土壤结构,增加团聚体,进而提高土壤有机质和全氮含量;③优化管理制度,保证播种质量、防治病虫害发生并施入合理的水肥。免耕和深松提高冬小麦产量的主要原因是改善土壤结构,增加耕层土壤含水量,促进冬小麦植株对氮素的吸收与利用。Fuentes et al. (2003)认为,免耕与传统耕作相比能够显著增加土壤含水量和作物产量。黄明等(2009)指出,豫西旱作条件下,免耕覆盖和深松覆盖下冬小麦扬花后旗叶叶绿素含量均显著提高,延缓了旗叶的衰老进程,冬小麦灌浆期和籽粒的灌浆速率显著提高,冬小麦产量增加。De Vita et al. (2007)通过对意大利南部福贾和瓦斯托两个地方硬质小麦的产量和品质研究,发现2年免耕的产量高于传统耕作,而第3年的产量则低于传统耕作,且产量和降雨量呈显著相关性。这个结果表明免耕较传统耕作的优势主要是减少蒸发,更适于降雨量较少地区。王育红等(2009)研究认为,免耕与传统翻耕相比减少土壤扰动,降低土壤水分蒸发,提高土壤蓄水保墒能力和作物产量。也有研究表明深松覆盖措施下对作物增产效果优于免耕覆盖。吕美蓉等(2010)通过设置耕作措施(常规耕作、深松耕作、耙耕、旋耕和免耕)和秸秆还田等10个处理,研究发现深松耕作+秸秆还田处理在水分充足时显著提高土壤含水量,增加作物产量,增产效果优于免耕+秸秆还田处理。郑成岩等(2011)认为,深松+条旋耕处理能够提高冬小麦对深层土壤水分的利用效率,降低土壤水分蒸发,减少农田耗水量,促进冬小麦扬花后干物质积累和光合产物向籽粒的分配和转运。王维钰等(2016)研究免耕秸秆处理对冬小麦夏玉米产量的影响,发现免耕秸秆处理连续3年提高了小麦产量,而连续2年提高了玉米产量,第3年由于受到极端高温影响,未显著提高玉米产量。刘义国等(2013)通过研究不同秸秆量对小麦增产效果,结果表明,秸秆覆盖量为6 000 kg/hm^{2}时能够提高小麦分蘖数、小穗数及千粒重,进而提高小麦产量。李勇等(2010)研究结果表明,冬小麦秸秆全量还田处理能够显著提高稻田后期生物量,增加水稻结实率和成穗率,并提高有效穗数,进而提高水稻产量5.3%。

然而,有研究表明,长期免耕可导致土壤容重增加,造成作物减产。张建军等(2010)通过3年冬小麦田间试验研究了不同耕作措施和施肥处理对冬小麦产量与水分利用效率的影响,结果表明,传统翻耕配施有机、无机肥有利于作物高产,而免耕年限增加不利于产量提高。Chen et al. (2011)在我国东北研究玉米少耕、免耕和传统耕作时发现,免耕措施下玉米产量较传统耕作减少,主要原因是免耕措施提高土壤水分导致作物早期温度较低,影响玉米的生长,进而减产。贾树龙等(2004)研究认为,前3年实施连续免耕后冬小麦产量无显著影响,之后由于免耕处理下土壤容重增加、土壤温度降低、速效养分及病虫害减少等的共同影响,导致冬小麦产量显著降低。李素娟等(2008)研究发现,免耕产量降低的主要原因是出苗差,出苗率低,叶面积指数较低,导致干物质积累速率慢。孔凡磊等(2014)通过在小麦季设置秸秆不还田翻耕、秸秆还田翻耕、秸秆还田旋耕和免耕秸秆覆盖4种处理,研究耕作方式对华北小麦–玉米两熟区作物周年产量和水分利用的影响结果表明,与传统耕作处理相比,免耕秸秆覆盖冬小麦处理有效穗数减低,周年减产5.13%,周年水分利用效率降低。

1.2.2 作物模型应用研究进展

1.2.2.1 作物模型概念和功能

作物的生长受气候、土壤、灌溉施肥等多种因素制约,各种作物研究结果由于其试验条件多样,基于特定的气候、土壤得出的试验结果也存在差异,如何综合自然气候、土壤及管理措施研究作物的生长规律是农业科研人员一直致力于研究的重要课题。随着现代系统分析理论和计算机技术的发展,作物模型应运而生。Sinclair 和 Montieth(1996)认为,作物模型是利用计算机模拟技术,通过对一系列作物参数和相应的环境变量赋值,对作物生长过程和作物产量进行数值模拟的系统。曹卫星(1995)提出作物生长模拟是用数学模型的方法描述作物的生长发育过程及其与环境和技术的动态关系,并利用计算机技术与系统集成技术对作物生长系统进行动态模拟和预测。戚昌瀚(1994)认为,作物模型是从作物生理生态机制出发,定量描述作物生长的过程,能够通过作物生育过程解释作物产量出现的差异,通过试验找出作物生育过程与环境因素间的动态关系并预测产量。总之,作物模型是一个综合了作物生理生态、气象、水文、微生物等多种因素的系统,运用数学和计算机技术,定量描述气象和土壤等环境条件、灌水和施肥等管理措施、土壤物理化学过程及作物的生长发育过程。

作物模型功能强大:①集成多学科知识的模型可以通过获取模型参数,模拟各种因素对土壤-作物生态系统的影响,使模型应用研究范围和深度不断扩大,由于模型主要是依靠计算机计算编辑的程序,因此模型可以在原有基础上,不断完善开发新的模块,向更多其他的领域发展。模型可以通过简化模型参数,使模型应用更加方便快捷。②作物模型可以基于过去或未来的气象、土壤条件模拟多种作物产量,估算粮食和经济作物的生产潜力,调整农业生产措施并合理配置资源。③作物模型可以作为传统大田试验的有益补充,减少大田试验人力和物力损耗,可以设置各种模拟情景,筛选适宜的最优组合,指导实际的农业生产。④通过计算机软件开发,作物模型可以不断优化,增强其对庞大数据的处理能力和模型模拟的精度,并促进农业决策支持系统的研发。农业决策支持系统通过提供大量数据的支持和计算,得出的结论可为政府部门提供决策。⑤模型结合 GIS 可以由田间尺度的模拟,扩大到区域尺度的模拟,对区域自然资源管理做出评价和决策,为管理部门提供决策指导。目前,肥料的过度施用导致硝态氮淋溶增强,造成环境污染,而作物模型能够模拟硝态氮的淋溶损失,若集成 GIS 后则可模拟不同区域淋溶损失、农药残留造成的水体污染,为环保部门提供决策支持。

1.2.2.2 不同作物模型介绍

1. 荷兰模型

荷兰率先进行作物模型研发,开发出了多种模型,其优点是机制性、通用性和解释性强,在模拟土壤水分、养分和作物产量方面提供多种算法,且模拟作物潜在产量方面精度较高。但荷兰模型对土壤水肥动态变化精度较差,模型参数较多,获取难度大,且未涉及耕作制度的模拟。

SUCROS 模型是在玉米冠层光合作用模型、碳素平衡模拟模型 ELCROS、禾谷类草本BACROS 和能够模拟水分限制作物生长的 ARIDCROP 模型的基础上研究出来的第一个概要模型。SUCROS 模型较之前的模型能够综合考虑作物生理生长和外部环境的影响，通过参数改变，能够模拟小麦、马铃薯和大豆的生长发育及土壤水分的消耗、平衡过程。

WOFOST 模型是粮食研发中心在 SUCROS 模型研究基础上开发的，主要目的是探索如何提高发展中国家农业生产潜力（Diepen et al.，1989）。利用该模型可以进行多年产量变化规律分析，研究不同品种、不同土壤类型条件下产量的变化及在不同区域如何选择最佳播期、最适合的农用器具等关键性问题。

ORYZA 模型是荷兰政府资助与国际水稻研究所（IRRI）共同研发的一系列灌溉水稻模型，随着该模型的不断完善，能够模拟水分和养分限制条件下水稻的生长过程及产量。目前该模型仍在东南亚地区广泛应用（Goff et al.，2002；Yu et al.，2002）。

2. 澳大利亚模型

为了促进亚热带国家的农业生产，防治灾害发生并实现农业生产的可持续发展，澳大利亚农业生产系统研究所（APSRU）开发了 APSIM 模型。该模型具有"插入/拔出"功能，可以根据用户需求配置最适合的模型，而且可以在其他模块不变的情况下，比较模拟方法的不同。APSIM 模型以模拟土壤性质变化为核心，而气象、作物和耕作等管理措施是引起土壤理化性质变化的因素。APSIM 模型在 CERES-Maize、PERFECT 模型的基础上，分别改进完善作物生长模块、水分平衡模块和氮肥模块设计而成，而且模型为用户提供了一个基础平台，可以将田间实测数据对模型进行验证和改进，其模拟效率和稳定性等方面均有提高。目前，该模型在澳大利亚广泛使用，为政府管理部门提供了理论数据支持。

3. 美国模型

美国模型参数简单，可操作性强，可以模拟多作物生长过程，其实用性和针对性较强，可以模拟多种因素如灌水、施氮、耕作管理对土壤水肥动态、作物生理生长过程的影响。但由于各单位开发模型时研究的侧重点不同、参数不一致，导使模型模拟结果的精度有差异。

为了将各种作物模型汇总并将变量格式标准化，农业技术转移国际基准网 IBSNAT（International Benchmark Sites Network for Agrotechnoloy Transfer）开发研制了 DSSAT（Decision Support System for Agro-technology Transfer）模型。DSSAT 模型是囊括了 CERES 系列模型（CERES-Wheat、CERES-Maize 和 CERES-Rice）和 CROPGRO 系列模型（大豆模型 SYOGRO、干菜豆模型 BEANGRO 和花生模型 PNUTGRO）的一项综合计算机系统，其功能更强大并能广泛应用。

DSSAT 模型主要用来模拟水氮管理、作物育种及预测作物产量等。Asadi 和 Clemente（2001）利用 DSSAT 模型模拟热带地区土壤氮素平衡、氮素淋溶损失及玉米产量。姜志伟（2009）对 DSSAT 模型进行了率定、验证和敏感度分析，认为该模型能够评价作物生产潜力，优化种植制度。在此基础上，应用 DSSAT 模型模拟洛阳孟津地区作物生产潜力状况，认为高产冬小麦最佳播期为 10 月 5 日前后，密度在 250 株/m^2 左右为宜，夏玉米晚播播期以 6 月 5 ~ 15 日最佳，密度在 6 ~ 8 株/m^2 为宜；夏大豆宜早播，播期在 6 月 5 日左右最佳，密度在 50 ~ 60 株/m^2 为宜；夏花生宜早播，播期以 6 月 5 日最佳，密度一般以 40 ~ 60 株/m^2 为宜。杨靖民（2011）利用 DSSAT 模型模拟黑土区玉米的产量和土壤碳氮循环，并对作物生长、产量、作物氮吸收和土壤氮等输出变量进行敏感性分析，探讨了不同气候、不同施氮水平对土壤碳氮变化及玉米产量的影响,进而筛选出了适宜黑土区高产高效的综合农艺措施。王文佳(2012)将有效降水量工具 CropWat 和 DSSAT 模型结合研究关中地区平水年、丰水年和枯水年不同生育期灌水对蒸腾量、水分利用效率和作物产量的影响,并确定冬小麦关键生育期和关键期需水量,进而得出关中地区的灌溉制度。邹龙(2014)基于陕西安塞农田生态系统国家野外科学观测站 3 年玉米试验结果(玉米生育期、生物量和产量)对 DSSAT 模型进行率定和验证,并利用 DSSAT 模型模拟丰水年、平水年和枯水年情景下不同灌溉施肥对玉米产量的影响。DSSAT 模型用来模拟未来气候变化对作物产量的影响。Alexandrov 和 Hoogenboom(2000)利用 DSSAT 模型研究保加利亚未来气候变化条件下小麦和玉米的产量变化。杨勤等(2009)基于宁夏永宁站试验数据采用 DSSAT 模型预测春小麦产量的变化趋势,结果表明,开花天数和春小麦产量模拟结果较好,而生理成熟天数模拟较差,并利用 DSSAT 模型模拟未来 30 年春小麦产量的变化趋势。鲁向晖(2010)采用作物模型研究未来气候变化条件下传统耕作、少耕、免耕覆盖和深松覆盖对土壤作物蒸发蒸腾量、农田耗水量及作物产量的影响,结果表明,孟津县未来冬小麦最适宜的耕作方式是免耕覆盖处理。Ngwira et al. (2014)使用 DSSAT 模型研究未来气候变化对传统耕作和保护性耕作条件下玉米产量的影响。杨永辉等(2017)研究了 DSSAT 模型对长期保护性耕作与土壤改良措施下玉米生长过程的模拟及验证,得出模型能较好地模拟河南西部褐土区夏玉米的生长过程、生物量以及产量。

除 DSSAT 模型外,美国科罗拉多州研发了 CENTURY 模型,主要用来模拟农田生态系统有机碳循环。为了解决干旱半干旱地区水分限制条件下作物产量,FAO 研发了 AquaCrop 模型。美国农业部下属的草地、土壤水分研究所在土壤侵蚀模型 EPIC 模型的基础上增加了作物生长模块,研发了 ALMANAC 模型。

根区水质模型(RZWQM)由美国农业部开发,是一个耦合了作物生长模型 DSSAT 和土壤水热盐过程耦合模型 SHAW(Simultaneous Heat and Water)的模型,其物理机制明确,能模拟土壤水动力学过程、溶质运移转化过程和作物生长过程,可用来评价农业管理对作物产量形成及土壤碳氮循环、水分运移和土壤水质的影响。

(1)RZWQM 模型发展。随着人口增加、可利用土地减少,现代农业必须通过提高土壤、水等资源利用率来提高作物生产力。然而,这种生产模式造成了土壤质量下降、水资源匮乏和环境污染加剧。为了更好地评价根区土壤水的质量并预测非点源污染对环境的长期影响,20 世纪 80 年代中期,美国农业部农业研究属(ARS)在多种模型基础上研发了根区水质模型(RZWQM)。该模型能够模拟化学物质通过大孔隙的迁移,瓦罐流、养分的迁移转化、杀虫剂等管理措施对作物生长的影响。RZWQM 模型于 1992 年推出 1.0 版本之后不断地修改和完善,最新推出的版本为 RZWQM2,这是 RZWQM 和 DSSAT4.0 的混合模型,集物理过程、生物化学过程、作物生长过程及根区水氮和杀虫剂迁移过程于一体的综合农业作物生长模型。RZWQM2 模型是一维过程模型,在模拟播种日期、播种密度、灌水、施肥、耕作及杀虫剂等农业管理措施对土壤 - 植物系统的影响具有独有的优势,是农业管理研究、环境评价的重要工具。

(2)模型模块介绍。RZWQM2 模型由农业管理、作物生长,土壤物理化学、养分和杀虫剂运移模块六大模块组成,模块间相互联系,而且该模型具有 Windows 操作界面(见

图 1-1),便于用户输入参数并输出数值化图形。模型运行过程如图 1-2 所示。

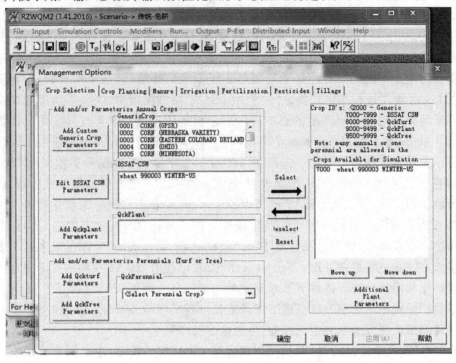

图 1-1　RZWQM2 模型管理模块操作界面

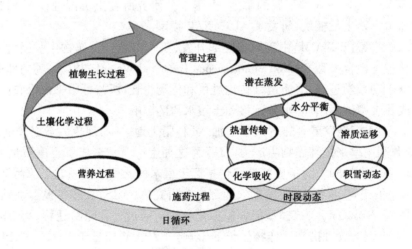

图 1-2　RZWQM2 模拟流程(Ahuja et al.,1999)

　　首先,模型从以日步长模拟的管理模块开始计算,作物管理过程主要包括耕作、有机肥的施用、肥料和杀虫剂施用与灌溉等过程,其中耕作措施中包含了 29 种不同农用器具,灌溉和施肥措施可以选择具体的灌溉和施肥日期及灌溉量,作物的收获方式可以根据实际进行选择,这些管理措施通过改变土壤的理化性质进而影响作物生长。

　　其次,模型模拟进入物理过程。物理过程主要包括以日步长计算的蒸散过程和以时步长计算的水分运输过程、溶质运移过程、积雪融化过程、氮吸收过程和热量传导过程。模型应用修正的 Shuttleworth 和 Wallace 双层模型估算土壤蒸发和作物蒸腾速率,以便用于土壤表层水分和作物根系计算。然后,模型以时步长模拟计算水、热和化学物质运移及交换等一系列过程,主要包括水分入渗、径流、土壤水再分布、作物营养吸收和融雪的动态过程(见图1-3)。其中,水分入渗采用 Green-Ampt 公式估算入渗速率及累计入渗量,根系吸水过程应用 Nimah 和 Hanks 公式计算根系吸水汇源项,根区之上汇源项不能超过总的蒸散量,水分和化学物质再分布过程应用 Richards 公式、质量守恒原理和有限差分法计算。

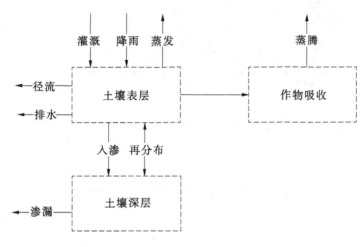

图 1-3　RZWQM2 模型土壤水分分配过程

再次,模型进入以日步长的杀虫剂、养分、土壤化学和作物生长模块。RZWQM2 模型提供挥发、水解、光解和生物降解等 4 种可选择的杀虫剂降解方式并考虑植物叶片和作物残茬截获的杀虫剂随降水或灌溉水淋洗到土层深处过程。养分过程主要包括矿化分解过程、固定过程、硝化和反硝化过程(见图1-4),模型中设置了 5 个碳库(分解慢和快的作物残茬,分解慢、中等和快的有机质)和 3 种微生物库分别为需氧异养微生物、厌氧异养微生物和自养微生物,碳库之间的转化过程如图1-5 所示。土壤化学过程主要包括了可溶性氮素及化学物质的迁移过程和杀虫剂迁移转化过程的无机化学过程,这些过程遵循牛顿定律与质量、电荷平衡等原理,且土壤 pH 值、溶液的离子浓度和根区可交换的离子浓度决定了化学过程的一系列反应。

RZWQM2 模型中作物生长模块主要包括作物群体发育、植株生长和环境适应性三个部分。群体动态变化应用改进过的 Leslie-matrix 模型,根据历史生活曲线计算可以生活到下一个生育期的群体概率。植株生长则根据光合作用和呼吸作用、氮吸收、碳氮比、根系生长及植株死亡率来计算。而环境适应性系统则是关于温度、水分和植株营养状况的函数。在适宜作物生长的理想环境下,RZWQM2 模型模拟作物生长则需要较短的生长时间到下一个物候生育期。总之,RZWQM2 模型通过模拟计算群体数量、营养物质的分配转运、植株的生长状况并评估环境对作物生长的影响实现作物的生长过程模拟。

(3)RZWQM 模拟耕作原理。RZWQM2 模型中耕作层分为两层,其中主要耕作措施

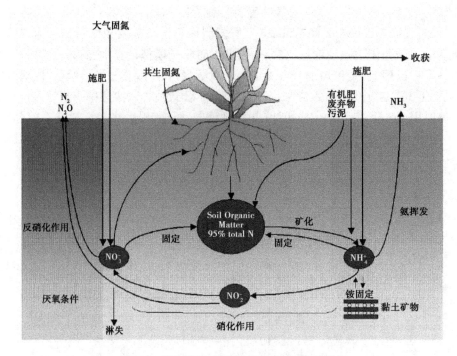

图 1-4　RZWQM2 模型模拟的氮素循环过程

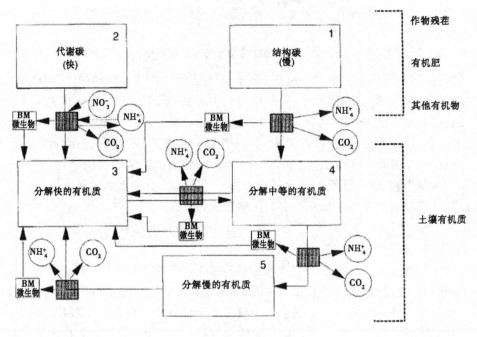

图 1-5　5 个碳库之间的转化(Ahuja et al.,1999)

影响土壤的第二层,次要耕作措施影响土壤的表层,RZWQM2 模型根据用户设置的农用器具计算平均耕作深度。然后,通过耕作深度影响土壤的容重、孔隙度和土壤的水力学特性及作物残差还田量来重建土壤表层,最终由于降雨、土壤干湿交替等作用使耕作措施对

土壤的影响逐渐降低(见图 1-6)。模型中具体公式如下:

①耕作影响土壤容重计算公式:

$$\rho_t = \rho_{t-1} - (\rho_{t-1} - 0.667\rho_c)I_i \tag{1-1}$$

式中　ρ_t——耕作后容重,g/cm^3;

　　　ρ_{t-1}——耕作前容重,g/cm^3;

　　　ρ_c——33 kPa 时的土壤容重,g/cm^3;

　　　I_i——耕作强度,I_i 数值主要取决于耕作器具和作物残茬的类型(见表 1-1)。

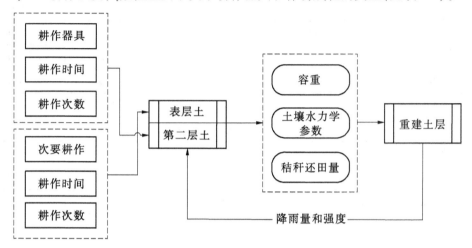

图 1-6　RZWQM2 模型耕作模拟流程

表 1-1　耕作器具和作物残茬参数

	器具	耕作强度		有效深度 (cm)
		玉米	大豆	
1	Moldboard Plow	0.93	0.96	15
2	Chisel Plow,straight	0.25	0.45	12.5
3	Chisel Plow,twisted	0.45	0.65	12.5
4	Field Cultivator	0.25	0.35	10.0
5	Tandem Disk	0.50	0.65	10.0
6	Offset Disk	0.55	0.70	10.0
7	One-way Disk	0.40	0.50	10.0
8	Paraplow	0.20	0.25	15.0
9	Spike Tooth Harrow	0.20	0.25	2.5
10	Spring Tooth Harrow	0.30	0.45	5.0
11	Rotary Hoe	0.10	0.15	2.5
12	Bedder Ridge	0.75	0.80	15.0

续表 1-1

	器具	耕作强度		有效深度 (cm)
		玉米	大豆	
13	V-Blade Sweep	0.10	0.15	7.5
14	Subsoiler	0.20	0.30	35.0
15	Rototiller	0.55	0.70	7.5
16	Roller Package	0.10	0.10	0.0
17	Row Planter w/smooth coulter	0.08	0.11	0.0
18	Row Planter w/fluted coulter	0.15	0.18	0.0
19	Row Planter w/sweeps	0.20	0.30	0.0
20	Lister Planter	0.40	0.50	0.0
21	Drill	0.15	0.15	0.0
22	Drill w/chain drag	0.15	0.15	0.0
23	Row Cultivator w/sweeps	0.25	0.30	0.0
24	Row Cultivator w/spider wheels	0.25	0.30	0.0
25	Row Weeder	0.15	0.20	0.0
26	Rolling Cultivator	0.50	0.55	0.0
27	NH$_3$ Applicator	0.15	0.20	0.0
28	Ridge-till Cultivator	0.60	0.75	0.0
29	Ridge-till Planter	0.50	0.70	0.0

②耕作影响残茬还田量计算方法。

从立茬转入平茬量：

$$M_{f(t)} = M_{f(t-1)} + (M_{s(t-1)} - M_{s(t)}) \tag{1-2}$$

式中　$M_{f(t)}$——平茬残留量；

$M_{f(t-1)}$——耕作前初始的平茬残留量；

$M_{s(t-1)}$——耕前立茬残留量；

$M_{s(t)}$——耕作后立茬残留量。

耕作之后平茬残留量：

$$M_{f(t)}^* = R_{mf}M_{f(t)} \tag{1-3}$$

式中　$M_{f(t)}^*$——耕作前平茬残留量；

R_{mf}——耕作前后平茬残留量的比。

从平茬转入土壤覆盖量：

$$C_{rf} = 1 - e^{-C_f M_f} \tag{1-4}$$

式中　C_{rf}——平茬残留覆盖(0~1)；

C_f——计算平茬残留覆盖的常数。

从立茬转入土壤覆盖量：

$$C_{rs} = \frac{P_{(t)}}{P_m} A_{bm} \tag{1-5}$$

式中 C_{rs} ——立茬残留覆盖（0 ~ 1）；

$P_{(t)}$ ——单位面积单位时间的残株数；

P_m ——收获时单位面积的残株数；

A_{bm} ——成熟时每平方米植株的底面积。

总的土壤秸秆覆盖量：

$$C_{rt} = C_{rs} + C_{rf} \tag{1-6}$$

式中 C_{rt} ——总的土壤秸秆覆盖量；

C_{rs} ——立茬残留覆盖（0 ~ 1）；

C_{rf} ——平茬残留覆盖（0 ~ 1）。

③耕作影响土壤的水力学特性。

耕作影响土壤孔隙度和导水率，其中孔隙度和导水率分别按照以下公式计算：

土壤孔隙度

$$\theta_s = 1 - \frac{\rho_t}{\rho_p} \tag{1-7}$$

式中 θ_s ——土壤孔隙度；

ρ_t ——耕作后产生的土壤容重；

ρ_p ——土粒密度（一般值为 2.65）。

饱和导水率

$$K_s = 764.5\varphi_e^{3.29} \tag{1-8}$$

$$\varphi_e = \theta_s - \theta_{1/3} \tag{1-9}$$

式中 K_s ——饱和导水率；

φ_e ——有效孔隙度；

$\theta_{1/3}$ ——土壤水势为 0.3 bar 时的土壤孔隙。

（4）RZWQM2 模型应用。RZWQM2 模型能够用来模拟各种因素对土壤水氮过程及作物产量的影响，为农业可持续性发展提供理论依据。为了在水资源短缺的干旱区实现投入资源少而作物产量高的目标，Stulina et al.（2005）运用 RZWQM2 模型，通过监测 2001 年作物生长季的土壤水分、土壤水势、水位和作物发育过程，结果显示土壤剖面的 5 层含水量模拟值与测量值平均误差为 3.6%，作物产量的误差为 13%，这说明该模型可以从经济学角度分析评估未来农业经济。Ma et al.（2007）利用爱荷华州北部 25 年的数据模拟水氮平衡和作物产量，发现 RZWQM2 模型可以模拟瓦管流中的氮平衡，由于模型忽略了病虫害的影响，导致玉米产量模拟值偏高。RZWQM2 模型能够模拟农田暗管排水中硝态氮的损失情况。孙怀卫等（2011）基于 RZWQM2 模型模拟大棚排水条件下土壤水分和硝态氮浓度，结果表明 RZWQM2 模型能够较好地模拟大棚排水条件下土壤水氮运移规律。Fang et al.（2012）利用 RZWQM2 模型通过控制排水和改变施氮量措施来减少暗管排水中硝态氮浓度,进而优化排水和施氮量。近年来,我国学者将 RZWQM2 模型广泛应用于华北平原的校验,结果表明 RZWQM2 模型是研究华北平原水氮过程的有利工具。张芊和任理(2012)对 RZWQM2 模型的土壤水力学参数、氮转化系数和作物模型参数进行敏感度分析与标定之后,根据禹城站 45 年的试验数据率定验证 RZWQM2 模型并模拟冬小麦 – 夏玉米轮作条件下作物产量、水分利用效率和氮肥偏生产力,优化了灌溉和施氮方案。薛长亮等(2015)应用 RZWQM2 模型模拟玉米季土壤分层水分、土壤分层硝态氮含量、土壤剖面硝态氮淋溶和作物产量,提出减缓硝态氮淋溶的玉米施肥方案,认为轮作周期施氮量 215 kg/hm² 时可以有效控制硝态氮的淋溶损失。RZWQM2 模型能够模拟华北平原不同土壤性质对农田土壤水分、硝态氮含量、作物产量和叶面积指数及土壤剖面水氮平衡的影响,结果表明,高产田的水分胁迫和氮素胁迫较小,作物增产显著。李艳等(2015)对 RZWQM2 模型中土壤水分、氮素和作物模块进行了率定和验证,结果表明,RZWQM2 模型能够用来模拟华北平原冬小麦 – 夏玉米轮作条件下土壤水氮变化,并认为喷灌灌溉频率在累积蒸发量为 30 ~ 70 mm 时开始灌溉效果最好。周始威等大量研究表明,RZWQM2 模型能够模拟土壤水氮运移规律,是研究水氮耦合的有利工具。

有学者为了提高 RZWQM2 模型的适应性,将 RZWQM 与其他模型结合来模拟农田能量平衡过程和水氮耦合过程。Flerchinger et al. (2009)利用 RZWQM-SHAW 模型估算不同冠层条件下太阳净辐射、潜热、显热和地面热通量。Li et al. (2012)对改进的 RZWQM-SHAW 模型在土壤水分平衡、土壤表层和作物冠层温度等方面进行了验证。此外,RZWQM 模型结合 Shuttleworth 和 Wallace 双层模型能够更加准确地模拟作物蒸腾量。房全孝等(2009)将 RZWQM2 与 CERES 模型用来模拟土壤水分和作物产量情况,结果表明,RZWQM-CERES 可以较好地模拟华北平原土壤水分和作物产量。

RZWQM2 模型可以模拟不同耕作措施对土壤 – 作物系统的影响。Kumar et al. (1999)最早利用 RZWQM2 模型模拟不同耕作深度对免耕、旋耕、凿犁和板犁土壤剖面水分和硝态氮的影响。Malone et al. (2003)利用 RZWQM2 研究不同耕作措施对除草剂通过大孔隙淋溶的影响,结果表明,渗透是导致免耕除草剂浓度高的主要原因。Anapalli et al. (2005)利用 RZWQM2 模拟美国科罗拉多州东北部半干旱区免耕和传统耕作条件下 2 年冬小麦 – 休闲和小麦 – 玉米 – 休闲轮作下分层土壤水含量、叶面积指数、作物生物量和产量,结果表明,RZWQM2 模型能够合理地模拟免耕和传统耕作条件下土壤分层水分及作物产量。Malone et al. (2014)利用 RZWQM2 模型率定和验证了免耕和传统耕作措施农药随水运移规律,结果表明,RZWQM2 是评价不同耕作措施下杀虫剂运移规律的强有力工具。

第 2 章　耕作保墒措施对土壤水分环境的影响

　　水分条件是限制农业生产的重要因子,其受到降雨入渗、地表径流、土壤蒸发、植物蒸腾等多种因素的影响。而缺水是制约我国旱地农业生产的关键因素之一,水分胁迫是限制旱地农业生产力提高的严重问题。施用有机肥可增加土壤有机质,改善土壤结构,促进土壤蓄水保墒等功能,且有利于作物产量和水分利用率的提高。同时,农用保水剂也具有改善土壤结构与孔隙状况、减少土壤无效蒸发、改善作物生理特征、提高作物抗旱能力等作用。同时,保墒措施对于改善旱作农业区的土壤水分环境、促进作物生长、提高水分利用率及产量意义重大。

　　土壤蒸发是土壤水分损失的重要途径,在小麦、玉米生长季内,40%以上的耗水量为株间土壤表面的无效蒸发,而利用秸秆覆盖或地膜覆盖能显著地减少株间蒸发量,提高水分的利用效率,因为地表覆盖后改变了土壤的理化性质,使土壤具有良好的孔隙状况,增加入渗量,提高土壤储水量,且抑制土壤蒸发,减少土壤无效水分损耗,从而间接影响土壤水分的再分布过程。相关研究表明,覆盖玉米秸秆较传统耕作更利于水分利用效率的提高,而免耕覆盖玉米的蒸腾量与蒸发量比值远大于常规耕作,从而促进了水分的有效利用。麦田秸秆覆盖后,能促进降雨的入渗,抑制土壤水分蒸发,提高深层土壤的水分蓄存,有利于植物根系下扎和利用深层土壤水分;同时秸秆覆盖可抑制杂草生长,减少水分无效消耗。而地膜覆盖后,土壤水分受地膜的物理阻断,切断了与大气的交换,减少了地表裸露面积,因此减少了水分的散失,使土壤含水量相对稳定。相关研究表明,旱作小麦、玉米农田使用地膜覆盖有较好的保墒增产效果。但在降雨较为充足的地区,在小麦、玉米轮作过程中地膜覆盖的作用效果如何,以及秸秆覆盖、有机肥、保水剂对小麦的生长过程、光合生理特征及对玉米的后效作用如何,对小麦、玉米周年水分利用特征以及对土壤团粒结构、土壤有机碳的影响和其相互关系如何,却鲜见报道,需要深入研究。

　　因此,笔者对地膜覆盖、秸秆覆盖、保水剂和有机肥条件下的小麦－玉米周年水分利用进行了比较研究,旨在探明不同措施对小麦、玉米周年增产与节水机制,从而为合理节水增产措施的应用提供科学依据。

2.1　不同耕作、保墒措施下不同小麦生育
时期 0 ~ 100 cm 土壤储水量

　　本研究在河南省开封市通许县朱砂镇演武岗村进行。演武岗地处暖温带大陆季风气候区,年平均光照时数 2 428 h;年平均气温 14.2 ℃, >10 ℃的有效积温 4 460 ℃,无霜期 222 d,多年平均降水量 682.4 mm,其中 7 ~ 9 月降水量占全年降水量的 60%,年蒸发量为 1 936 mm,存在较严重的春旱和伏旱。土壤为沙质潮土,土壤母质为河流冲积物。该地区地势平坦,海拔 60 m,耕层有机质 11.98 g/kg、全氮 0.85 g/kg、全磷 0.78 g/kg、水解氮

55.89 mg/kg、速效磷 15.91 mg/kg、速效钾 69.4 mg/kg。土壤容重 1.32 g/cm，土壤机械组成为：沙粒(2～0.02 mm)占 82.0%，粉粒(0.02～0.002 mm)占 8.3%，黏粒(<0.002 mm)占 8.7%。

　　试验设置共 6 个处理，处理 1：对照(常规，耕作深度为 15 cm)；处理 2：深松(30 cm，人工用铁锹深松)；处理 3：秸秆覆盖(玉米秸秆粉碎 1 cm，4 500 kg/hm^2，在小麦出苗两周后将秸秆均匀撒于麦行之间)；处理 4：免耕；处理 5：有机肥(鸡粪，750 kg/hm^2，含氮、磷、钾量分别为 1.5%、1.2%、0.8%)；处理 6：保水剂(聚丙烯酰胺类，60 kg/hm^2)。除免耕处理的施肥方式为小麦播种后点施外，其他处理均为播种前进行撒施翻耕后播种；除深松外，其他处理耕作方式同对照。3 次重复，随机区组排列，小区面积 4 m × 8 m = 32 m^2。氮肥(尿素)施用量为纯氮 225 kg/hm^2，播种前用普通过磷酸钙(P$_2$O$_5$)90 kg/hm^2、钾肥(K$_2$O)75 kg/hm^2 与总施氮量 50% 的氮肥作底肥。在拔节期和灌浆期分别追施总施氮量 30% 和 20% 的氮肥。小麦种植时间为 2011 年 10 月 22 日，所用品种为周麦 25。试验地前茬为玉米。有机肥处理施用的氮、磷、钾无机肥用量分别减去了鸡粪原有的氮、磷、钾含量，即保证每个处理的氮、磷、钾用量一致。小麦生育期间不进行任何灌水。

　　生育期内降水特征为：小麦生育期内总降水 277.7 mm，比历年平均 293.9 mm 少16.2 mm；从小麦播种到 10 月底降水 26.1 mm，11 月降水 107.0 mm，12 月为 12.8 mm，翌年 1 月到 6 月 8 日小麦收获，逐月降水量分别为 3.9 mm、0.7 mm、21.5 mm、93.8 mm、11.8 mm、0.1 mm。

　　从表 2-1 中可知，随着生育期的推进，0～100 cm 土壤储水量整体表现为先降低再升高再降低的趋势。返青期，免耕处理 0～100 cm 土壤储水量显著高于其他处理，其次为秸秆覆盖和保水剂处理，深松和有机肥处理居中，对照最低；拔节期，仍以免耕处理最高，对照最低，其他处理居中；孕穗期，免耕处理的储水量仍最高，其次为深松和保水剂处理，对照最低；而到灌浆期，深松处理的储水量显著高于其他处理，达 160 mm，其次为免耕、有机肥、保水剂和秸秆覆盖处理，对照最低；到小麦收获期，秸秆覆盖、深松和免耕处理的土壤储水量显著高于其他处理，其次为保水剂和有机肥处理，对照仍最低，为 96 mm。综上，不同耕作、保墒措施在小麦不同生育阶段均有效降低了土壤的棵间蒸发量，提高了土壤储水量。在小麦孕穗期前以免耕处理的保水能力最大，而从灌浆期开始到收获，以深松处理的抗蒸发能力最强。

表 2-1　不同耕作、保墒措施处理下小麦不同生育时期 0～100 cm 土壤储水量　　　(单位：mm)

处理	返青期	拔节期	孕穗期	灌浆期	收获期
对照	135.3d	136.6c	135.0e	100.2e	96.0d
深松	155.9c	146.8b	165.0b	160.0a	140.9a
秸秆覆盖	162.0b	147.2b	150.1c	121.1d	142.6a
免耕	174.9a	164.7a	177.3a	150.5b	138.5a
有机	154.9c	148.3b	143.5d	145.9c	121.9c
保水剂	160.2b	145.6b	165.7b	124.9d	128.8b

注：同列不同小写字母表示不同处理间差异显著($P<0.05$)，下同。

2.2　不同耕作保墒与地面覆盖措施对潮土土壤水分的影响

本研究在通许现代农业开发基地进行,经度114.450°,纬度34.429°,海拔62 m。研究区多年年均降水量为657.9 mm,降水量主要分布在6~9月,地表径流年份间差异较大,且旱涝并发,而旱灾多于涝灾。该地区土壤为壤质潮土,地势平坦且肥力均匀。耕层土壤有机质含量为11.4 g/kg,全氮含量为0.81 g/kg、碱解氮含量为74.31 mg/kg、速效磷含量为19.8 mg/kg、速效钾含量为90.3 mg/kg。

本研究共设置5个处理,包括:①普通耕作(耕作深度为15 cm);②秸秆覆盖(玉米秸秆粉碎为1 cm,用量为4 500 kg/hm²);③保水剂(45 kg/hm²);④有机肥(干鸡粪,750 kg/hm²);⑤地膜覆盖(小麦和玉米出苗后进行地膜铺设)。每个处理设置3个重复,随机区组排列。根据当年降水和土壤水分状况,分别在小麦拔节期和玉米播种前灌水各1次,每次45 mm,小麦、玉米周年共灌水90 mm。小麦氮肥用量180 kg/hm²纯氮,玉米氮肥用量270 kg/hm²纯氮。磷肥为普通过磷酸钙(P₂O₅)135 kg/hm²,钾肥为氧化钾(K₂O)90 kg/hm²。小麦施肥方式均为播种前进行撒施翻耕后播种,保水剂也为撒施后翻耕播种,耕作方式同对照。待小麦出苗后进行地膜覆盖。小麦收获后,在原有小麦小区中进行玉米免耕播种,玉米出苗后覆膜处理重新进行地膜铺设,田间统一管理。玉米播种时,种肥同播。除地膜处理为小麦玉米出苗后进行外,其他处理均为小麦播种时实施。小麦品种为矮抗58,玉米品种为郑单958。本试验开始于2012年10月22日,为长期定位试验。本研究时间为2014年10月至2015年10月。

2.2.1　小麦、玉米生育期内降水量分布特征

小麦、玉米不同生育期内的降水量见图2-1。可以看出,在小麦分蘖到越冬期间无有效降水,越冬期后降水量逐渐增多,且到孕穗期时降水量明显增多,之后又逐渐减小,到小麦收获、玉米播种时降水量最少,玉米播种后降水量明显增多,且玉米生育期内降水量均较高。小麦生育期内总降水量为264.5 mm,玉米生育期内降水量为439.5 mm,小麦 – 玉米生育期内总降水量为704.0 mm,较往年降水量增加了40多 mm,主要集中在玉米生育中后期。

2.2.2　不同措施对土壤水分的影响

对小麦不同生育阶段的土壤水分进行了观测(见表2-2)。在小麦生长过程中,地膜覆盖和秸秆覆盖处理的土壤含水量较高,其次为有机肥和保水剂处理,普通耕作全生育期的土壤含水量均较低。在小麦收获时,地膜覆盖处理的土壤水分明显高于其他措施,其次为秸秆覆盖、有机肥及保水剂处理,普通耕作最低。

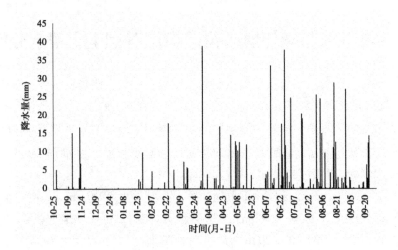

图 2-1　小麦玉米生育期内降水量分布特征

表 2-2　不同措施小麦不同生育阶段土壤含水量　　　　　　（％）

处理	2014-12-18	2015-02-05	2015-03-12	2015-04-27	2015-05-14	2015-06-06
普通耕作	22.5c	22.8c	13.1d	15.1c	15.2d	6.4d
秸秆覆盖	24.0b	26.8a	19.6a	16.4a	18.4b	10.3b
保水剂	22.4c	25.0b	16.0c	15.7b	18.7b	9.0c
有机肥	24.4b	25.0b	15.5c	16.1ab	16.6c	10.2b
地膜覆盖	26.1a	26.5a	17.3b	15.4bc	19.4a	13.3a

2.3　不同耕作保墒与地面覆盖措施对褐土土壤水分的影响

试验设置在河南省禹州试验基地（113°03′～113°39′E,33°59′～34°24′N）进行,海拔116.1 m,多年平均降水量 674.9 mm,其中 60% 以上的降雨量集中在夏季,存在较严重的春旱、伏旱和秋旱;土壤为褐土,土壤母质为黄土性物质,该地区地势平坦,肥力均匀,耕层有机质含量 12.3 g/kg,全氮含量 0.80 g/kg,水解氮含量 47.82 mg/kg,速效磷含量 6.66 mg/kg,速效钾含量 114.8 mg/kg。为小麦 – 玉米轮作区。小麦品种为周麦 22,玉米品种为郑单 958。

试验共设置 7 个处理:①常规耕作（CK）;②秸秆还田（小麦单季秸秆直接全部还田旋耕,JG）;③保水剂（聚丙烯酰胺类,施用量为 60 kg/hm², SAP）;④有机肥（鸡粪,750 kg/hm²,YJF）;⑤免耕（小麦、玉米播种时均免耕,MG）;⑥深松（深度 30 cm,SF）;⑦深松（深度 30 cm）+ 秸秆覆盖（4 500 kg/hm²,S + J）。肥料采用 $N_{25}P_{15}K_{15}$ 复合型肥料,在小麦播种时一次性底施。除深松处理外,其他处理耕作深度为 15 cm。

2.3.1 不同措施下小麦不同生育时期储水特征

从图 2-2 中可知,随小麦生育期的推进,土壤的储水量表现为先增再降的趋势。除小麦孕穗期、抽穗期 SAP 处理和拔节期 SF 处理以及灌浆期 JG 处理的储水量低于 CK 处理外,不同措施均提高了土壤的储水量。在返青期,S+J 处理的土壤储水量最高,其次为 JG 处理、SAP 处理和 YJF 处理,CK 处理最低。在拔节期,以 JG 处理最高,其次为 S+J 处理,SF 处理最低。在孕穗期以后到灌浆期,S+J 处理的土壤储水量最高,其次为 YJF 处理和 MG 处理。到小麦成熟时,仍以 S+J 处理最高,其次为 YJF 处理和 JG 处理,CK 处理最低。说明,深松+秸秆覆盖(S+J)更为有效地保存了小麦生育过程中的水分,有利于作物的生长。

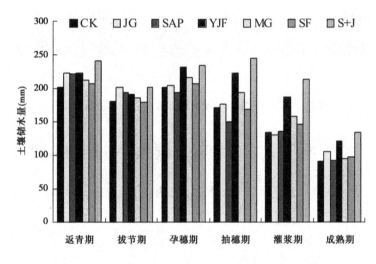

图 2-2　不同措施对小麦不同生育期储水量的影响

2.3.2 不同措施下小麦不同生育阶段耗水特征

从图 2-3 中可知,播种—返青期的耗水量最大,其次为抽穗期—灌浆期、灌浆期—成熟期、孕穗期—抽穗期、返青期—拔节期,拔节期—孕穗期耗水量最低。在播种—返青期,CK 处理耗水量明显高于其他处理,其次为 SF 处理和 MG 处理,S+J 处理最低,说明在小麦播种到返青期期间,田间土壤水分损失以棵间蒸发为主,而深松结合秸秆覆盖处理更利于水分的保持;在返青期—拔节期,S+J 处理的小麦耗水量显著大于其他处理,CK 处理的小麦耗水量最低;在拔节期—孕穗期,SAP 处理的耗水量显著高于其他处理,其次为 JG 处理,其他处理的耗水量均明显低于 CK 处理;在孕穗—抽穗期,S+J 处理的耗水量最低,其次为 YJF 处理,SAP 和 SF 处理的小麦耗水量均高于 CK 处理;在抽穗期—灌浆期,SAP 处理的小麦耗水量最小,其次为 SF 处理和 S+J 处理,JG 处理的耗水量最大;在灌浆—成熟期,除 JG 处理和 SAP 处理外,其他处理的小麦耗水量均高于 CK 处理。在小麦全生育期,不同措施的耗水量均低于 CK 处理,而全生育期的降水量不能满足小麦对水分的需求,必须利用土壤中储存的水分才能维持小麦正常生长。

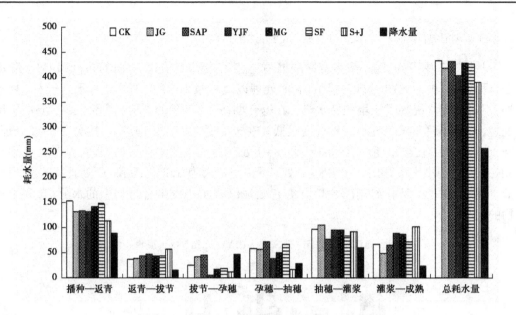

图 2-3　不同措施对小麦不同生育阶段耗水特征的影响

2.4　不同耕作措施土壤含水量年际变化

研究区概况及管理方式同 2.3 节,研究处理为:①常规耕作(CT);②免耕(NT);③深松(SS);④双季秸秆还田(SS)。

2.4.1　不同耕作措施冬小麦拔节期土壤分层含水量年际变化

冬小麦同一生育期由于降水量和耕作措施不同,土壤含水率年际变化较大(见表 2-3)。2011～2016 年冬小麦季播前—拔节期降水量分别为 180.2 mm、69.6 mm、107.4 mm、116.8 mm 和 115.4 mm。2011～2012 年冬小麦拔节期 0～60 cm 土壤平均含水率显著高于其他年份,这是由于 2011～2012 年播前—拔节期降水量较其他年份较高。

与传统耕作相比,深松耕作在 2011～2012 年和 2013～2014 年冬小麦拔节期的相对保墒率为 4.1% 和 9.3%,有效提高了冬小麦拔节期 0～60 cm 平均含水量。免耕和双季秸秆还田处理在 2011～2016 年冬小麦季拔节期的相对保墒率分别为 2.9% 和 3.3%、12.7% 和 15.0%、9.9% 和 3.2%、8.6% 和 1.3%、2.4% 和 1.9%,均显著提高了冬小麦拔节期的土壤水分,其中免耕在降水量较少年份(2012～2013 年和 2013～2014 年)比降水量较多年份的相对保墒率值大,说明免耕处理在降水量较少的年份蓄水保墒效果更突出。但在 2012～2013 年播种—拔节期降水量最少情况下免耕相对保墒率的值却低于双季秸秆还田处理,这可能是冬小麦植株吸收水分不同造成的。深松耕作的相对保墒率在 2012～2013 年、2014～2015 年和 2015～2016 年为负值,说明深松耕作较传统耕作降低了土壤平均含水量。

表 2-3　不同耕作方式下 2011～2016 年冬小麦拔节期土壤含水量变化

年份	处理	播前—拔节降水量(mm)	拔节期			平均含水量(%)	相对保墒率(%)
			0～20 cm	20～40 cm	40～60 cm		
2011～2012	CT	180.2	17.1c	17.2a	16.9a	17.0	—
	NT		18.1b	17.8a	16.7a	17.5	2.9
	ST		18.9b	17.7a	16.6a	17.7	4.1
	SS		19.3a	16.3b	17.1a	17.6	3.3
2012～2013	CT	69.6	11.5b	10.7b	11.0b	11.1	—
	NT		12.2a	12.5a	12.7a	12.5	12.7
	ST		10.7c	9.5c	11.5b	10.6	−4.3
	SS		12.9a	12.3a	12.9a	12.7	15.0
2013～2014	CT	107.4	8.2b	7.7c	8.8c	8.2	—
	NT		8.8b	9.2a	9.3b	9.0	9.9
	ST		8.7b	8.5b	9.8a	8.9	9.3
	SS		8.6b	7.4c	8.9c	8.5	3.2
2014～2015	CT	116.8	13.9b	11.9b	12.9b	12.9	—
	NT		14.4a	13.8a	13.9a	14.0	8.6
	ST		12.0c	11.3c	12.8b	12.0	−6.8
	SS		12.9c	12.9b	13.4a	13.1	1.3
2015～2016	CT	115.4	9.6b	13.3c	13.7c	12.2	—
	NT		10.3a	15.4b	14.2a	13.3	2.4
	ST		9.8b	11.4d	13.3c	11.5	−5.7
	SS		9.8b	13.1c	14.4a	12.4	1.9

注:CT 为传统耕作,NT 为免耕,ST 为深松,SS 为双季秸秆还田。

2.4.2　不同耕作措施土壤 0～60 cm 储水量年际变化特征

4 种耕作处理下冬小麦苗期、拔节期和成熟期 0～60 cm 储水量在 2011～2016 年呈现先降低后升高的趋势,在 2013～2014 年冬小麦苗期、拔节期和成熟期 0～60 cm 土壤储水量均达到最低值,主要是降水量偏低造成的。冬小麦各生育期不同年份土壤储水量不同,一方面由于不同年份各生育期降水量不同,另一方面与作物生长吸收水分密切相关(见图 2-4)。在冬小麦苗期,双季秸秆处理较传统耕作在 2011～2012 年和 2012～2013 年分别提高 0～60 cm 储水量 5.6% 和 6.8%,免耕在 2014～2015 年苗期提高 11.4%,达到最大值 151.4 mm,深松在 2011～2015 年苗期 0～60 cm 储水量均低于传统耕作。

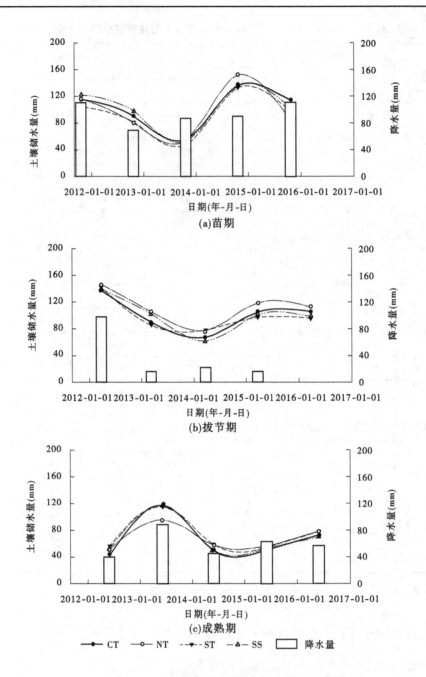

图2-4　2011～2016年不同耕作措施冬小麦苗期、拔节期和

成熟期0～60 cm土壤储水量变化

　　在冬小麦拔节期,4种耕作处理下2012～2016年0～60 cm土壤储水量仍呈现先降低后升高的趋势,但由于各年份降水量较少,导致变化趋势平缓。2011～2012年拔节期0～60 cm储水量值最大,是由其降水量最大造成的。与传统耕作相比,免耕在2012～2016年拔节期分别提高0～60 cm土壤储水量5.9%、17.7%、14.8%、13.4%和6.9%,尤其在

2012 ~ 2013 年拔节期增幅最大,双季秸秆处理仅提高 2011 ~ 2012 年和 2012 ~ 2013 年拔节期 0 ~ 60 cm 储水量 9.4% 和 12.4%。深松耕作提高 2011 ~ 2012 年和 2013 ~ 2014 年拔节期 0 ~ 60 cm 储水量 2.5% 和 16.0%。

　　在冬小麦成熟期,4 种耕作处理在 2012 ~ 2016 年 0 ~ 60 cm 土壤储水量则呈升高—降低—升高的趋势。与传统耕作相比,免耕在 2011 ~ 2012 年、2014 ~ 2016 年分别提高 0 ~ 60 cm 储水量 21.3%、16.3%、12.0% 和 6.9%,但在 2013 年降低了 18.8%,这可能是免耕措施下冬小麦群体吸水量较大引起的。此外,深松耕作和双季秸秆还田都在 2012 ~ 2013 年成熟期 0 ~ 60 cm 储水量低于传统耕作。

2.4.3　耕作处理下冬小麦生育期土壤水分动态变化

2.4.3.1　关键生育期保护性耕作土壤水分垂直分布特征

　　与传统耕作相比,免耕均不同程度地增加了冬小麦关键生育期(拔节期、扬花期、灌浆期和成熟期)0 ~ 100 cm 土层土壤平均含水量;深松耕作在冬小麦拔节期未明显提高 0 ~ 100 cm 土壤平均含水量,但显著提高了扬花期和成熟期的土壤平均含水量;双季秸秆还田则显著增加了扬花期和灌浆期 40 ~ 60 cm 土壤含水量(见图 2-5)。在冬小麦扬花期、灌浆期和成熟期 60 cm 土层处,传统耕作、免耕和深松耕作下的土壤含水量均达到最低值,0 ~ 60 cm 土壤含水量随深度增加而降低,而 60 ~ 100 cm 土壤含水量随深度增加有增加的趋势。其中 0 ~ 40 cm 属耕作层,土壤含水率受耕作处理影响明显。2015 年,免耕较传统耕作分别提高冬小麦拔节期、扬花期、灌浆期和成熟期 0 ~ 40 cm 土壤平均含水量 8.9%、11.5%、14.3% 和 8.6%;双季秸秆还田分别提高冬小麦灌浆期和成熟期 0 ~ 40 cm 土壤平均含水量 3.9% 和 2.1%,深松耕作分别提高冬小麦扬花期、灌浆期和成熟期 0 ~ 40 cm 土壤平均含水量 2.0%、3.6% 和 10.8%。2016 年免耕较传统耕作分别提高冬小麦拔节期和扬花期土壤平均含水量 19.1% 和 9.2%,而降低了成熟期土壤平均含水量 5.3%;双季秸秆还田分别提高拔节期、扬花期和灌浆期 0 ~ 40 cm 土壤平均含水量 12.4%、20.3% 和 9.8%;深松耕作较传统耕作仅提高了冬小麦扬花期土壤平均含水量 7.6%,在冬小麦拔节期、灌浆期和成熟期均表现为负效应,这是由于连续深松耕作强烈改变土壤物理性质和土壤结构,致使孔隙度增大,持水能力降低,加之 2015 ~ 2016 年小麦季降水量偏低,墒情变差。可见,免耕、深松和双季秸秆的蓄水保墒效果受降水量影响,在较干旱年份,不同生育期土壤蓄水保墒效果免耕和双季秸秆还田处理优于深松耕作。

2.4.3.2　关键生育期耕作处理土壤储水量变化

　　2014 ~ 2015 年和 2015 ~ 2016 年冬小麦关键生育期 0 ~ 100 cm 土层储水量变化如图 2-6 所示。2014 ~ 2015 年和 2015 ~ 2016 年各生育期降水量不同,冬小麦关键生育期储水量变化趋势不同。2014 ~ 2015 年各处理 0 ~ 100 cm 储水量随生育进程呈逐渐下降的趋势,其中免耕在拔节期、扬花期、灌浆期和成熟期 0 ~ 100 cm 土壤储水量显著高于其他耕作处理($P < 0.05$),较传统耕作分别提高 18.0%、29.8%、20.9% 和 29.2%。2015 ~ 2016 年各处理 0 ~ 100 cm 储水量随生育进程呈先降低后升高的趋势,且各处理在灌浆期无显著差异,但在拔节期、扬花期和成熟期,免耕较传统耕作分别提高土壤 0 ~ 100 cm 储水量 22.0%、16.7% 和 18.8%;与传统耕作相比,双季秸秆处理显著提高拔节期和成熟

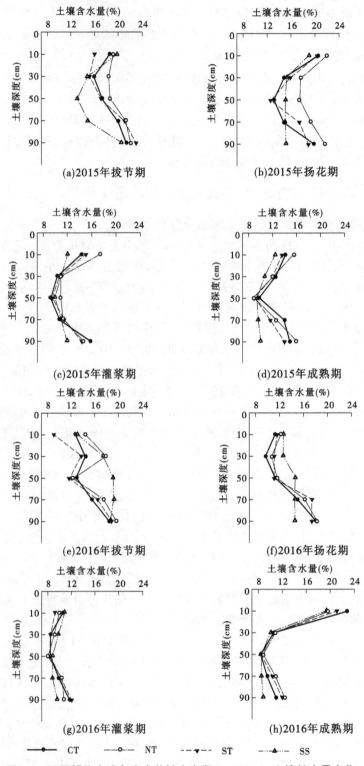

图 2-5　不同耕作方式冬小麦关键生育期 0～100 cm 土壤储水量变化

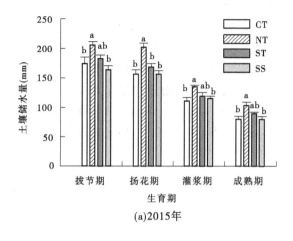

(a)2015年

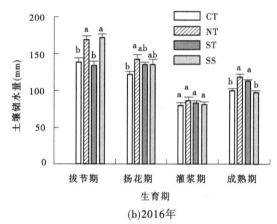

(b)2016年

图 2-6　不同耕作方式关键生育期 0～100 cm 土壤储水量

期土壤储水量 24.0% 和 17.3%。可见,免耕在显著提高了 2 年冬小麦生育期土壤 0～100 cm 储水量。在降水量较少的 2015～2016 年,免耕和双季秸秆的蓄水保墒效果优于深松耕作。

2.4.3.3　讨论与结论

长期免耕因减少土壤表层扰动,减少水分散失,具有良好的蓄水保墒作用,深松耕作可打破犁底层,增加土壤水分入渗,进而提高土壤蓄水保墒能力。免耕和深松耕作的蓄水保墒效果受降水状况影响。许迪等(1999)研究发现,在平水年和干旱年,免耕 40 cm 土层土壤蓄水量平均增加 7.1% 和 15.4%,免耕的蓄水保墒作用在干旱少雨条件下愈加明显。然而,余海英等(2011)研究表明,免耕处理较传统耕作能够明显提高作物整个生育期土壤剖面的平均含水率,在降水量较大的情况下,两者间的差异表现更为突出。另外,王小彬等(2003)研究表明,在麦田夏闲期末,免耕覆盖和深松处理土壤蓄水量显著提高,且免耕>深松>翻耕。也有研究表明,连续深松耕作强烈改变土壤结构,增大土壤孔隙,造成土壤持水能力下降,墒情变差。本研究结果表明,在降水量较少年份(2015～2016 年),免耕能够显著提高冬小麦关键生育期的 0～100 cm 分层土壤含水率和储水量,而连续深松耕作降低了冬小麦关键生育期(拔节期、灌浆期和成熟期)的土壤含水率,且深松耕作未明显提高冬小麦拔节期、扬花期和灌浆期0～100 cm土层储水量。可见,免耕的蓄水保墒效果优于深松,尤其在干旱年份表现明显。

不同年份降水量不同是造成冬小麦土壤含水率和土壤储水量(0～60 cm)年际变化的主要原因。相同年份不同耕作处理土壤含水量差异显著($P < 0.05$)。与传统耕作相比,免耕和双季秸秆还田处理均显著提高了冬小麦拔节期土壤水分,并不同程度提高了冬小麦苗期、拔节期和成熟期的土壤储水量(0～60 cm),尤其干旱年份免耕和双季秸秆的蓄水保墒效果更加突出,优于深松耕作。

第 3 章　耕作保墒措施对土壤结构及其影响因素的影响

　　土壤团聚状况与有机碳含量可作为评价土壤肥力的综合指标之一,其维持着土壤的生态功能。土壤团聚体作为土壤结构的基本单元,是土壤中各种养分的储存库,为土壤中微生物提供了生存环境。不同的耕作方式对土壤团聚体组成及有机碳的分布影响各异,而土壤有机碳与团聚体关系密切,土壤有机碳对土壤团聚体数量及大小分布等产生重要影响,土壤有机碳含量的提高有助于土壤结构形成,增强土壤结构的稳定性,而稳定的团聚体对有机碳的物理保护可使土壤有机碳减缓或免受矿化分解。一旦有机碳含量降低,团聚体的稳定性就会下降,二者相互影响。频繁的翻耕使土壤结构遭到破坏,土壤有机碳含量下降,而免耕等保护性耕作因减少土壤扰动,降低了土壤有机碳的分解,能显著提高耕层大团聚体的数量及其稳定性,从而促进土壤有机碳的积累和土壤固碳量的增加。

　　免耕、深松、秸秆覆盖与表土作业及施用保水剂和有机肥等保墒耕作与土壤结构改良措施可增加土壤有机质,改良土壤结构,提高土壤肥力和土壤孔隙度,降低容重,促进作物生长。Eduardo et al. (2008)研究发现,长年免耕能够提高土壤团聚体稳定性,且 0 ~ 5 cm 的土层作用效果更为明显。Antonio et al. (2010)经过 3 年的连续试验发现,秸秆覆盖改善了土壤理化性质,土壤孔隙度及土壤团聚体稳定性均得到了提高,土壤有效水含量及导水能力也均显著提高。而刘定辉等(2009)研究发现,秸秆还田与免耕相结合增加了 10 ~ 20 cm 土层通气空隙的当量孔径,降低了无效空隙的当量孔径,改善了心土层土壤结构,且秸秆还田提高了稻田耕层土壤持水性能,增加了土壤水分库容量。同时,有机肥或有机无机肥混施能够显著提高土壤和团聚体中的有机碳含量,从而提高团聚体稳定性。而堆肥和农家肥可增加有机质含量,并有利于大团聚体的形成,从而提高团聚体稳定性,增加土壤蓄存水分和保持水土的能力。作为具有改善土壤结构的保水剂,其可促进团粒形成,且可改善土壤孔隙特征,增加土壤毛管孔隙度和总孔隙度,提高土壤入渗能力,还可抑制表土结皮和土面蒸发等。因此,耕作保墒与土壤结构改良措施对土壤结构、孔隙特征和土壤有机碳类型及其在土壤剖面分布产生重要影响。

3.1　不同耕作保墒措施对土壤孔隙特征的影响

　　试验设在河南省开封市通许县朱砂镇演武岗村进行,演武岗地处暖温带大陆季风气候区,全年太阳辐射总量 122.6 kcal/cm²,年平均光照时数 2 428 h,日照率为 55%;年平均气温 14.2 ℃,>10 ℃的有效积温 4 660 ℃,无霜期 222 d,多年平均降水量 682.4 mm,其中 7 ~ 9 三个月降水量占全年降水量的 60%,年蒸发量为 1 936 mm,蒸发量是降水量的 3 ~ 4 倍。存在较严重的春旱和伏旱;土壤为沙质潮土,土壤母质为河流冲积物,该地区地势平坦,海拔 60 m,耕层有机质 11.98 g/kg、全氮 0.85 g/kg、全磷 0.78 g/kg、水解氮

55.89 mg/kg、速效磷 15.91 mg/kg、速效钾 69.4 mg/kg。土壤容重 1.32 g/cm,土壤机械组成为:沙粒(2～0.02 mm)占 82.0%,粉粒(0.02～0.002 mm)占 8.3%,黏粒(<0.002 mm)占 8.7%。

　　研究设置 5 个处理。处理 1:常规耕作(对照);处理 2:保水剂(聚丙烯酰胺类,60 kg/hm²);处理 3:秸秆覆盖(玉米秸秆粉碎,4 500 kg/hm²);处理 4:有机肥(鸡粪,750 kg/hm²,含氮、磷、钾量分别为 1.5%、1.2%、0.8%);处理 5:免耕。3 次重复,随机区组排列。播种前用普通过磷酸钙(P_2O_5)90 kg/hm² 和氧化钾(K_2O)75 kg/hm² 作肥底;氮肥 225 kg/hm²,底施 50%,分别在拔节期追施 30% 和灌浆期追施 20%。本试验于 2009 年 10 月开始进行定位试验观测,试验处理为每年小麦播种前(10 月 25 日)进行,试验地块为小麦－玉米轮作制。小区面积 4 m×8 m＝32 m²。于 2012 年 6 月待小麦收获后进行原状土柱、环刀样及原状土的采集。

3.1.1　CT 扫描测定方法

3.1.1.1　原状土柱的采集

　　原状土柱的容器为内直径 50 mm、厚度 2 mm、长度 130 mm 的 PVC 硬质管材,将 PVC 管的一端打磨成刀口,以便取样。分别在不同处理取土柱 3 个重复。带回实验室后,放置于 4 ℃ 左右的冰箱里待用。室内准备两根直径分别为 2.0 mm 和 2.4 mm 的钢条,直立在 PVC 管中,并装入与原状土柱容重一致的土壤,填满后再将钢条拔出,制作两个已知直径的大孔隙作为对照。

3.1.1.2　CT 扫描

　　本试验采用美国 CE 公司的新型 PET-CT(DISCOVERYST16)256 层极速 CT 扫描仪。扫描土柱前,对医用 CT 装置扫描参数进行重新设定。扫描峰值电压为 120 kV,电流为 110 mA,扫描时间为 1 s,扫描厚度为 1 mm,土柱扫描从距离顶端 20 mm 处每隔 5 mm 扫描一个横截面,每个土柱共扫描 20 幅横截面图片,试验共 15 个土柱,共得到 300 幅图像。扫描土柱不同土壤密度区就在图像中以不同亮度表示,土壤大孔隙就可清晰地显示出。图片中密度越小的区域就显示越黑,密度越大就显示越白。

3.1.1.3　图像分析

　　将得到的土柱横截面 CT 图片保存到计算机中,得到 JPG 格式的灰度图像。对 CT 图像进行图像分析,图像处理分析采用 ImageJ 1.44 版本软件。选取分析图像的尺寸为 50 mm×50 mm,面积为 2 500 mm²。先将所得 CT 图像转换为 8 位图像,然后进行图像分割。根据已知大孔隙设定阈值,选取分割阈值为 70,图像分割后,得到黑白二值图像,白色部分为基质,黑色部分为土壤孔隙。分析得孔隙特征参数包括孔隙的数目、面积、周长、成圆率。

　　对于大孔隙孔径的划分及对大孔隙最小值的定义均没有得到一致的结论。Wamer(1989)和 Luxmoore(1981)认为当量孔径大于 1 mm 的孔隙是大孔隙;而 Beven 认为直径>0.03 mm 的孔隙可称为大孔隙。Wamer(1989)利用 CT 扫描准确分析出了>1 mm 的大孔隙。本试验中,所能辨别的最小当量孔径为 0.13 mm。

　　因此,本试验孔隙结果可分为大孔隙(当量直径≥1 mm)和当量直径为 0.13～1 mm

孔隙两类。CT 测定的总孔隙数为大孔隙数和当量直径为 0.13～1 mm 孔隙之和。CT 测定的大孔隙度或 0.13～1 mm 孔隙度为大或 0.13～1 mm 孔隙的面积占图像面积的百分数,总孔隙度为大孔隙度与 0.13～1 mm 孔隙度之和。孔隙的成圆率采用如下公式计算得到

$$C = 4\pi A / L^2 \tag{3-1}$$

式中　C——成圆率,其值介于 1 和 0 之间;

　　　A——孔隙面积,mm^2;

　　　L——孔隙周长,mm。

3.1.2　不同处理对土壤总孔隙(>0.13 mm)、大孔隙(>1.0 mm)和 0.13～1.0 mm 孔隙特征的影响

从表 3-1 可知,不同处理均提高了土壤总孔隙、大孔隙和 0.13～1.0 mm 孔隙数目,其中有机肥处理的各孔隙数目最多,其次为免耕、保水剂和秸秆覆盖,对照最少,其大孔隙数目分别比对照孔隙数目增加了 197.7%、146.8%、89.5%、58.3%。而不同处理的土壤总孔隙度和大孔隙度均表现为:免耕 > 有机肥 > 秸秆覆盖 > 保水剂 > 对照($P < 0.05$)。其中,免耕和有机肥处理的总孔隙度分别较对照高 272.5%、242.5%,而其大孔隙度分别较对照高 343.1%、302.7%。与大孔隙相比,0.13～1.0 mm 孔隙数目虽明显多于大孔隙,但 0.13～1.0 mm 孔隙度所占比例却较低。因此,土壤总孔隙度的大小主要由大孔隙决定。各处理中以有机肥和免耕处理对于土壤孔隙数或孔隙度的提高幅度较大。

表 3-1　各处理不同土层(横断面)平均土壤孔隙数目、孔隙度及成圆率

处理	孔隙数目(个)			孔隙度(%)			成圆率		
	总孔隙	大孔隙	0.13～1.0 mm 孔隙	总孔隙	大孔隙	0.13～1.0 mm 孔隙	总孔隙	大孔隙	0.13～1.0 mm 孔隙
对照	17e	7c	10d	5.90d	4.80d	0.28d	0.70b	0.60c	0.81b
保水剂	32cd	14b	18c	10.35c	9.85c	0.50c	0.79ab	0.65bc	0.87a
秸秆覆盖	27d	12b	15c	11.50b	10.89c	0.61b	0.76b	0.68b	0.88a
有机肥	51a	22a	29a	20.21a	19.33b	0.88a	0.85a	0.70ab	0.90a
免耕	42b	19b	23b	21.98a	21.27a	0.71ab	0.88a	0.74a	0.92a

3.1.3　不同处理孔隙平均成圆率

成圆率可表示孔隙的形态特征,其数值越接近于 1,表示孔隙形态越接近于圆,若孔隙面积相同而孔隙周长越不规则,成圆率则越小。不同孔隙形态特征会影响土体的通气性能和水分的传输。

从表 3-1 中可以看出,0.13～1.0 mm 孔隙成圆率 > 总孔隙成圆率 > 大孔隙成圆率,说明孔隙越小,其越近似圆形。总孔隙的成圆率表现为:有机肥 > 免耕 > 秸秆覆盖 > 保水

剂 > 对照($P < 0.05$);大孔隙的成圆率表现为:免耕 > 有机肥 > 秸秆覆盖 > 保水剂 > 对照
($P < 0.05$)。而 0.13 ~ 1.0 mm 孔隙成圆率表现为:有机肥 > 免耕 > 秸秆覆盖 > 保水剂 >
对照。说明不同土壤结构改良措施改善了土壤的孔隙形态,提高了土壤孔隙的成圆率,使
土壤孔隙更接近圆形,有利于水分在土壤中的传输、保存及作物吸收利用。各处理中仍以
免耕和有机肥处理效果较为显著。

3.1.4　不同处理不同土层总孔隙数、大孔隙数及 0.13 ~ 1.0 mm 孔隙数分布特征

　　不同土壤结构改良措施会对土壤结构产生一定的影响,从而会影响不同土层的土壤
孔隙类型和数目。

　　从图 3-1 中可看出,不同土层其孔隙数目及类型存在一定的差异。随土层的加深,总
孔隙数和大孔隙数及 0.13 ~ 1.0 mm 孔隙数表现为先增加后减少的趋势,40 ~ 55 mm 土
层的孔隙数目大于其他土层。对不同土层而言,对照不同类型孔隙数目均最少,而有机肥
处理的总孔隙数、大孔隙数及 0.13 ~ 1.0 mm 孔隙数均显著大于其他处理,其次为免耕处
理,保水剂处理的总孔隙数和大孔隙数次之,且均大于秸秆覆盖的处理。但二者 0.13 ~
1.0 mm 孔隙数在 35 ~ 60 mm 差异不显著,表明不同土壤结构改良措施不仅提高了土壤
大孔隙数目,其 0.13 ~ 1.0 mm 孔隙数也相应提高,从而其总孔隙数也相应增加,各处理
中以有机肥处理的效果最佳。

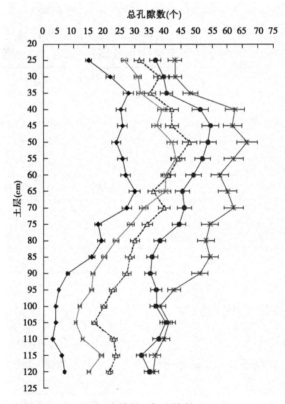

图 3-1　各处理不同土层总孔隙数、大孔隙数和 0.13 ~ 1.0 mm 孔隙数

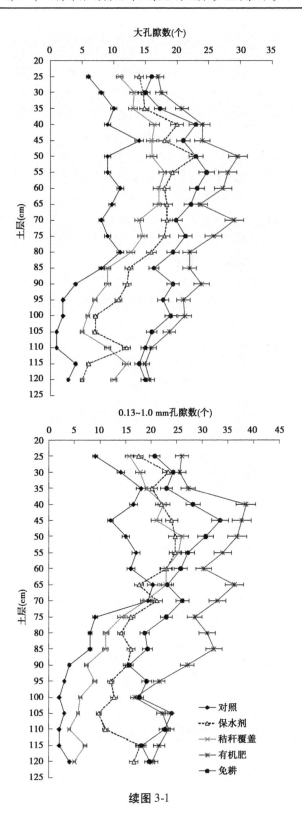

续图 3-1

3.1.5　不同处理不同土层总孔隙度、大孔隙度及0.13～1.0 mm孔隙度分布特征

从图3-2中可知,在25～50 mm土层间,土壤总孔隙度和大孔隙度表现为:免耕 > 有机肥 > 秸秆覆盖 > 保水剂 > 对照($P < 0.05$)。到55 mm土层以下,秸秆覆盖处理的总孔隙度和大孔隙度迅速降低,而保水剂处理的总孔隙度和大孔隙度虽然也有所降低,但上下土层的孔隙度介于5%～15%。免耕和有机肥处理的总孔隙度和大孔隙度在25～90 mm土层中均显著高于其他处理,其总孔隙度和大孔隙度在15%～35%,尤其在70～90 mm土层间,免耕处理的总孔隙度和大孔隙度大于25%,且显著高于有机肥的处理。而对0.13～1.0 mm孔隙度而言,随土层的加深各处理均有所降低。而处理间的差异增大,尤其是秸秆覆盖的处理变化更大。而保水剂处理0.13～1.0 mm孔隙度在不同土层中相对较低,但较对照高。在65 mm土层以上,有机肥处理较其他处理高,且在90 mm土层以下,其仍较高,其次为免耕、保水剂和秸秆覆盖处理。

综上所述,对照土壤的孔隙度在40 mm土层以下较为一致,其总孔隙度或大孔隙度在5%左右。而保水剂和秸秆覆盖对于土壤孔隙改善主要体现在土壤表层,随土层的加深,其作用效果有所降低。而免耕和有机肥处理对50～90 mm土层之间的土壤总孔隙度和大孔隙度的提高更为显著。

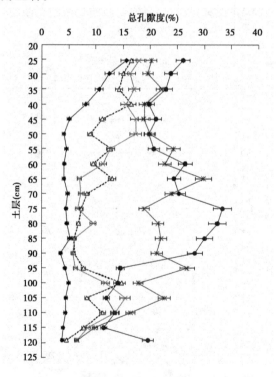

图3-2　各处理不同土层总孔隙度、大孔隙度和0.13～1.0 mm孔隙度

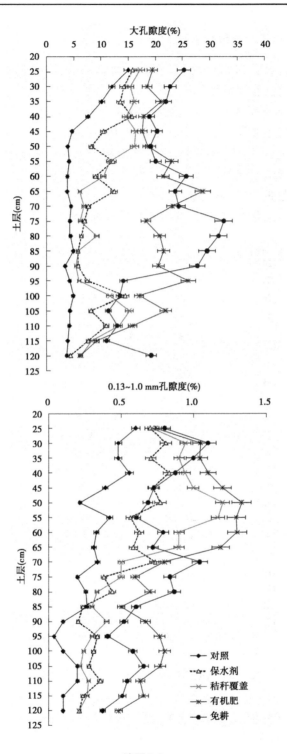

续图 3-2

3.1.6　不同处理不同土层孔隙成圆率分布特征

　　不同土层土壤孔隙成圆率如图 3-3 所示。可以看出,各处理的土壤孔隙成圆率为 0.65 ~ 0.90。对照土壤的孔隙成圆率介于 0.65 ~ 0.75,且 85 ~ 110 mm 的孔隙成圆率显著低于其他土层,但随土层的加深,孔隙成圆率又增大,说明对照土壤的孔隙成圆率波动较大。免耕和有机肥处理的成圆率介于 0.80 ~ 0.90,明显大于秸秆覆盖和保水剂的处理,且其上下土层的孔隙成圆率波动较小,从而有利于水分在土体中的传输。随土层的加深,保水剂处理的土壤孔隙成圆率先增大后减小再增大,且在 45 mm 土层以下,其成圆率均大于秸秆覆盖的处理。而秸秆覆盖处理的土壤孔隙成圆率在 25 ~ 90 mm 土层间保持在 0.75 ~ 0.80,但随土层的加深,其孔隙成圆率波动较大。

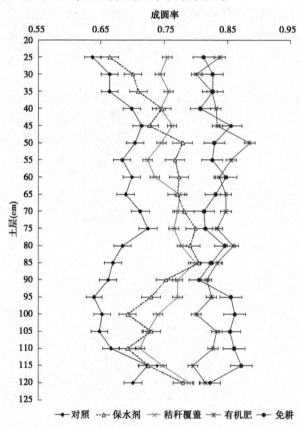

图 3-3　各处理不同土层平均土壤孔隙成圆率

　　说明不同土壤结构改良措施改善了不同土层土壤孔隙的形态,使孔隙更加规则而接近于圆,有利于水分和气体在土壤中的传输与交换,且利于水分向下层土壤中运移,提高土壤的入渗能力。各处理中,免耕和有机肥处理较佳。

3.1.7　不同处理容重、田间持水量及水稳性团聚体含量分析

　　从表 3-2 中可看出,应用不同土壤结构改良措施后,其田间持水量均显著提高,尤其

是有机肥和免耕处理,其分别较对照提高了15.9%和16.4%,其次为保水剂处理,较对照提高了11.4%。而秸秆覆盖处理与对照差异不显著。而作为土壤容重,其大小由土壤孔隙和土壤固体的数量来决定,容重越大,土壤孔隙所占比例越小,反之越大。免耕处理的土壤容重最小,其次为有机肥、保水剂、秸秆覆盖处理,对照容重最大。表征土壤结构稳定性的>0.25 mm 水稳性团聚体含量表现为:免耕 > 有机肥 > 保水剂 > 秸秆覆盖 > 对照。表明不同土壤结构改良措施通过改善土壤团聚体含量,进而改善了土壤孔隙,提高了土壤田间持水量,降低了土壤容重,从而改善了作物生长的土壤环境,有利于作物的生长。

表 3-2　不同处理田间持水量、容重及土壤结构分析

处理	田间持水量(%)	容重(g/cm³)	>0.25 mm 水稳性团聚体含量(%)
对照	20.1c	1.47a	48.6d
保水剂	22.4b	1.40bc	53.0c
秸秆覆盖	20.6c	1.42ab	52.6c
有机肥	23.3a	1.37c	64.0b
免耕	23.4a	1.34c	68.8a

3.1.8　不同指标相关性分析

对田间持水量、土壤容重及 >0.25 mm 水稳性团聚体含量与 CT 扫描法测得的土壤孔隙参数进行相关性分析,结果如表 3-3 所示。

表 3-3　不同指标相关性分析

因素	总孔隙数	大孔隙数	0.13 ~ 1.0 mm 孔隙数	总孔隙度	大孔隙度	0.13 ~ 1.0 mm 孔隙度	总孔隙成圆率	大孔隙成圆率	0.13 ~ 1.0 mm 孔隙成圆率
田间持水量	0.660 1	0.694 6	0.628 4	0.854 5*	0.854 9*	0.847 0*	0.689 7	0.879 8*	0.803 0*
容重	−0.723 8	−0.679 9	−0.675 2	−0.927 3**	−0.941 1**	−0.780 6*	−0.906 3*	−0.992 5**	−0.967 5**
>0.25 mm 水稳性团聚体含量	0.718 4	0.754 1	0.685 4	0.965 5**	0.956 0**	0.668 8	0.858 1*	0.834 7*	0.730 0

注:* 表示 $P < 0.05$;** 表示 $P < 0.01$。

田间持水量和 >0.25 mm 水稳性团聚体含量与各孔隙参数均成正相关关系,其中,田间持水量与总孔隙度、大孔隙度、0.13 ~ 1.0 mm 孔隙度、大孔隙成圆率和 0.13 ~ 1.0 mm 孔隙成圆率成显著正相关($P < 0.05$),>0.25 mm 水稳性团聚体含量与总孔隙度和大孔隙度成极显著正相关($P < 0.01$),其与总孔隙成圆率和大孔隙成圆率成显著正相关($P < 0.05$),但与其他孔隙参数相关性不显著。而各孔隙参数与容重成负相关关系,其中,容重与总孔隙度、大孔隙度、大孔隙成圆率和 0.13 ~ 1.0 mm 孔隙成圆率成极显著负相关

（$P < 0.01$），与 0.13 ~ 1.0 mm 孔隙度和总孔隙成圆率成显著负相关（$P < 0.05$），而与其他孔隙参数相关性不显著。

　　说明田间持水量、容重和 > 0.25 mm 水稳性团聚体含量对于土壤总孔隙度和大孔隙度的影响非常显著，且田间持水量和 > 0.25 mm 水稳性团聚体含量越高，土壤总孔隙度和大孔隙度就越大。而容重对于总孔隙度和大孔隙度及孔隙成圆率的影响最为显著，但容重越大，总孔隙度和大孔隙度及孔隙成圆率越小，表明容重的增加不仅降低了土壤孔隙度，且影响了土壤孔隙的形状。

3.2　免耕对不同剖面土壤结构及有机碳分布的影响

　　研究区概况同 2.3 节。长期定位试验于 2006 年 10 月中旬小麦播种时开始，耕作措施在每年小麦播种时实施，玉米均为免耕播种。于 2014 年 10 月 12 日在长期定位试验中选取常规耕作（CK，耕作深度 15 cm）和免耕（MG，小麦、玉米播种时均免耕）两个处理进行研究。即分别从定位试验每个处理的 3 个重复小区中间位置分层采集 0 ~ 10 cm、10 ~ 20 cm、…、90 ~ 100 cm 原状土（测定团粒结构及团聚体中的有机碳含量）及混合土壤样品（测定土壤有机碳含量），带回室内进行分析。开始定位试验时采用 S 点法在样地采集 0 ~ 100 cm 土层混合土壤样进行土壤有机碳分析（结果见图 3-5）。

3.2.1　数据处理与分析

3.2.1.1　团聚体分析方法

　　水稳性团聚体采用湿筛法，称取风干土样 100 g，将其放置在孔径 2 mm、0.25 mm 和 0.053 mm 组成的自动振荡套筛的最上层，在室温条件下用蒸馏水浸润 5 min 后，以 30 次/min 的速度和上下振幅为 3 cm 振荡 5 min。筛分结束后，将每层筛上的团聚体冲洗到烧杯中，获得大于 2 mm、0.5 ~ 2 mm、0.25 ~ 0.5 mm 和 0.053 ~ 0.25 mm 的水稳性团聚体，0 ~ 0.053 mm 团聚体在桶内沉降 48 h，弃去上清液后转移至烧杯中。将烧杯中的团聚体在 60 ℃下烘干称重。

$$A_{CC} = \frac{C_{aggregate} A_{content}}{C_{soil}} \times 100\% \tag{3-2}$$

$$A_{content} = \frac{A_{quality}}{S_{quality}} \times 100\% \tag{3-3}$$

式中　A_{CC}——团聚体对有机碳的贡献率；

　　　$C_{aggregate}$——某粒级团聚体中有机碳含量；

　　　$A_{content}$——某粒级团聚体含量；

　　　C_{soil}——土壤中总有机碳含量；

　　　$A_{quality}$——某粒级团聚体质量；

　　　$S_{quality}$——土壤样品总质量。

3.2.1.2　团聚体平均重量直径和几何平均直径

1. 团聚体平均重量直径(M_{MD})

$$M_{MD} = \frac{\sum\limits_{i=1}^{n} \overline{x}_i}{\sum\limits_{i=1}^{n} w_i} \tag{3-4}$$

式中　$\overline{x}_i$——各级团聚体的平均直径;

w_i——各级团聚体占团聚体总重量比例。

2. 团聚体几何平均直径(G_{MD})

$$G_{MD} = \exp\left(\frac{\sum\limits_{i=1}^{n} w_i \ln \overline{x}_i}{\sum\limits_{i=1}^{n} w_i} \right) \tag{3-5}$$

3.2.1.3　分形维数

根据杨培岭等(1993)提出的土壤颗粒组成分形特征模型

$$\frac{W(r > \overline{d}_i)}{W_0} = 1 - \left(\frac{\overline{d}_i}{\overline{d}_{max}} \right)^{3-D} \tag{3-6}$$

式中　$W(r > \overline{d}_i)$——大于 $\overline{d}_i$ 的累计土粒质量;

W_0——土壤各粒级质量的总和;

$\overline{d}_i$——两筛分粒级 d_i 与 d_{i+1} 间粒径的平均值;

$\overline{d}_{max}$——最大粒级土粒的平均直径;

D——土壤颗粒分形维数。

取对数后对 $\lg \dfrac{\overline{d}_i}{d_{max}}$ 与 $\lg \dfrac{W(r < \overline{d}_i)}{W_0}$ 进行回归分析,可求出土壤颗粒的分形维数 D 的值。回归分析即可求出土壤颗粒分形维数 D 的值。

3.2.2　不同耕作方式对 0～100 cm 土层土壤团粒结构分布的影响

常规耕作与免耕处理 0～100 cm 土层不同粒级团聚体含量如图 3-4 所示。从图 3-4 中可知,随着土层的加深,0.5～2.0 mm 和大于 2.0 mm 粒级团聚体含量表现为逐渐降低的趋势,而其他粒级团聚体含量相反。不同粒级团聚体中,在 0～30 cm 土层,0.5～2.0 mm 粒级团聚体含量较其他粒级高,其次为 0.053～0.25 mm、0.25～0.5 mm 及小于 0.053 mm 粒级,大于 2.0 mm 粒级团聚体含量最低,特别是在 30 cm 以下土层。免耕处理大于 2.0 mm 粒级团聚体含量明显大于常规耕作处理,特别是在 40 cm 以上土层;免耕处理 0.5～2.0 mm 粒级团聚体含量明显大于常规耕作处理,特别是在 50 cm 以上土层。在 50 cm 以下土层,仍以免耕处理 0.25～0.5 mm 粒级团聚体含量较常规耕作处理高,而 0.053～0.25 mm 粒级团聚体含量以常规耕作高于免耕处理。结果表明,免耕更利于提高大粒级团聚体的含量,其作用深度在 50 cm 土层以上。

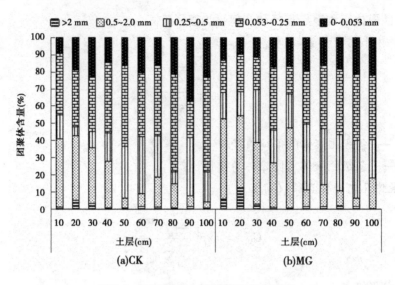

图 3-4　不同粒级土壤团聚体分布特征

3.2.3　不同耕作方式对土壤总有机碳的影响

试验前,常规耕作与免耕处理 0 ~ 100 cm 土层土壤总有机碳分布特征如图 3-5 所示。从图 3-5 中可知,随着土层的加深,土壤总有机碳表现为:0 ~ 50 cm 土层间的土壤有机碳

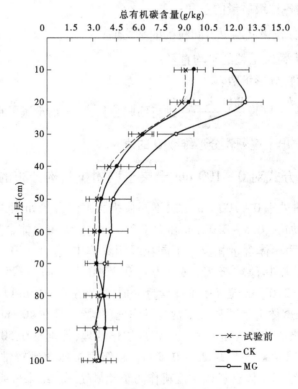

图 3-5　土壤总有机碳分布特征

下降幅度较大,而 50 cm 以下土层土壤有机碳趋于稳定,介于 3.0 ~ 4.5 g/kg。在定位试验前,0 ~ 100 cm 土层有机碳含量均低于定位试验实施后。经过不同耕作措施实施后,土壤剖面有机碳含量均有一定的提高,而在 70 cm 土层以下常规耕作处理土壤有机碳在定位试验前后几乎未发生变化。常规耕作条件下,表层土壤总有机碳含量最高,为 9.57 g/kg;免耕条件下,10 ~ 20 cm 土层的有机碳含量最高,为 12.9 g/kg。在 0 ~ 80 cm 土层,免耕处理的土壤总有机碳均高于常规耕作处理,提高了 16.3 ~ 39.6 个百分点。

3.2.4　不同耕作方式对土壤活性有机碳的影响

常规耕作与免耕处理 0 ~ 100 cm 土层土壤活性有机碳分布特征如图 3-6 所示。从图 3-6 中可知,随着土层的加深,土壤活性有机碳含量表现为先增加再降低而趋于稳定的趋势,其中以 10 ~ 20 cm 土层的土壤活性有机碳含量明显高于其他土层,为 1.74 g/kg。40 cm 以上土层土壤活性有机碳变化较大,说明该层次土层更易受到外界的影响。在 0 ~ 80 cm 土层,免耕处理的土壤活性有机碳含量高于常规耕作处理,特别是 30 cm 以上土层。

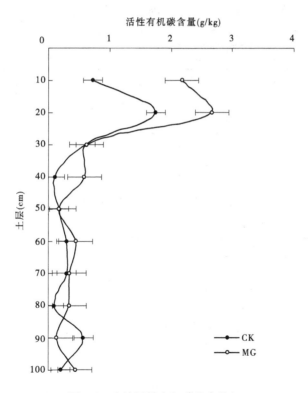

图 3-6　土壤活性有机碳分布特征

综上,长期免耕不仅提高了不同土层土壤总有机碳含量,且其活性有机碳含量也相应提高,其作用深度为 0 ~ 80 cm,说明免耕在提高土壤总有机碳的同时,其活性组分也相应提高,从而有利于土壤养分的转化,促进作物吸收。

3.2.5　不同耕作方式对不同粒级土壤有机碳的影响

3.2.5.1　不同耕作方式对不同粒级土壤总有机碳的影响

不同耕作方式 0～100 cm 土层不同粒级团聚体总有机碳含量如表 3-4 所示。从表 3-4 中可知,随着土层深度的加深,不同粒级团聚体总有机碳含量呈降低趋势。在 0～40 cm 土层,各粒级团聚体总有机碳含量从大到小顺序为:＞2 mm、0.5～2.0 mm、0.25～0.5 mm、0～0.053 mm、0.053～0.25 mm,且各粒级中均以免耕处理高于常规耕作处理。而在 50～100 cm 土层,各粒级团聚体总有机碳含量仍以大于 2 mm 粒级最高,其次为 0.5～2.0 mm 粒级团聚体,其他粒级较低,各粒级中均以常规耕作较高。结果表明,大粒级团聚体中含有较高的有机碳,免耕更利于 0～40 cm 土层不同粒级团聚体总有机碳含量的提高。

表 3-4　常规耕作与免耕 0～100 cm 土层不同粒级团聚体总有机碳含量（单位:g/kg）

土层 (cm)	＞2 mm		0.5～2.0 mm		0.25～0.5 mm		0.053～0.25 mm		0～0.053 mm	
	CK	MG	CK	MG	CK	MG	CK	MG	CK	MG
10	11.3aB	14.3aA	9.5aB	12.1aA	8.0aB	10.2bA	6.7aB	8.0aA	7.2aB	9.6aA
20	10.1bB	12.8bA	8.3bB	12.7aA	7.1bB	11.8aA	5.3bB	8.1aA	7.6aB	10.1aA
30	6.3dB	7.2cA	5.3cB	6.2bA	4.2cdB	5.0cA	3.9cA	4.3bA	4.0bA	4.4bcA
40	4.2eB	8.5cA	3.5eB	7.1bA	4.3cdB	5.1cA	3.8cA	4.1bcA	4.3bB	5.1bA
50	7.8cA	4.9fB	5.8cA	4.3cB	5.0cA	4.4cdA	3.3cdA	3.3cA	3.9bA	3.5cdA
60	6.9cA	6.2dA	4.9cdA	3.7cB	3.7deA	3.8dA	2.7deA	3.2cdA	3.9bA	2.9deB
70	5.9dA	5.7eA	3.9deA	3.1cdA	2.5fA	2.9efA	2.2eA	2.3eA	3.9bA	2.6eB
80	6.0dA	3.0hB	4.0dA	3.3cdA	3.7deA	2.2fgB	2.4eA	2.0efA	2.8cA	2.5eA
90	3.1fA	3.4ghA	4.5dA	2.7dB	2.3fA	1.5gA	2.2eA	1.6fA	2.6cA	2.1eA
100	2.9gB	4.2fgA	3.2eA	3.2cdA	2.8efA	3.5dA	2.3eA	2.8deA	2.4cA	3.8cB

注:同列不同小写字母代表显著性 $P<0.05$,同行相同粒级团聚体中不同大写字母代表显著性 $P<0.05$,下同。

3.2.5.2　不同耕作方式对不同粒级土壤活性有机碳的影响

不同耕作方式 0～100 cm 土层各粒级团聚体活性有机碳含量如表 3-5 所示。从表 3-5 中可知,随着土层的加深,不同粒级土壤团聚体活性有机碳含量表现为先降低而后逐渐增加的趋势。随着土壤团聚体粒级的降低,土壤活性有机碳含量呈降低趋势。在各粒级土壤团聚体中,除 0～30 cm 和 90～100 cm 土层中大于 2.0 mm 粒级团聚体、0～20 cm 土层和 70～80 cm 土层中 0.5～2.0 mm 粒级团聚体、10～40 cm 土层中 0.25～0.5 mm 粒级团聚体、20～40 cm 土层中 0.053～0.25 mm 粒级团聚体、0～50 cm 土层中小于 0.053 mm 粒级团聚体外,其他土层及粒级团聚体活性有机碳含量均以常规耕作处理高于免耕处理。在 20 cm 以下土层大于 2 mm 粒级团聚体活性有机碳含量均高于其他粒级团聚体;小于 2 mm 土壤团聚体活性有机碳主要集中于 0～30 cm 和 60～100 cm 土层。与常规耕作相比,除 0.053～0.25 mm 粒级团聚体外,免耕利于提高 10～20 cm 土层各粒级团聚体中活性有机碳含量,而其他土层各粒级土壤团聚体活性有机碳含量表现规律并不一致。

表3-5　常规耕作与免耕0~100 cm土层不同粒级团聚体活性有机碳含量

（单位:g/kg）

土层 （cm）	>2 mm		0.5~2.0 mm		0.25~0.5 mm		0.053~0.25 mm		0~0.053 mm	
	CK	MG	CK	MG	CK	MG	CK	MG	CK	MG
10	4.13aB	4.38aA	2.09cA	2.08aA	2.34cA	2.06bA	3.03aA	1.34bB	2.13aB	2.72aA
20	3.11bB	4.66aA	2.15cB	2.38aA	3.25bB	4.46aA	2.49bA	2.07aB	1.93aB	2.81aA
30	2.95bB	3.61bA	1.63dA	1.09cB	1.10dA	1.09cA	1.06eA	1.21bA	0.63cB	0.81bA
40	2.22cA	1.02eB	1.50dA	1.46bA	0.57fB	0.97cA	0.53gB	0.68cA	0.64cB	0.90bA
50	2.74bA	0.63fB	3.50bA	0.93cB	4.21aA	0.92cB	0.80gA	0.69cA	0.59cB	0.76bA
60	2.56bcA	0.49fB	0.47eA	0.28eB	2.61cA	0.02gB	1.15fA	0.44dB	0.35dA	0.19eB
70	2.39cA	1.60fB	1.56dA	0.43dB	1.01dA	0.40dB	1.49deA	0.16fB	0.11eA	0.20eA
80	4.45aA	2.72cB	0.15fB	0.34deA	0.52fA	0.14fB	1.24eA	0.31eB	1.30bA	0.56cB
90	1.31eB	1.83dA	4.15aA	0.33deB	1.13dA	0.23eB	1.69cdA	0.43deB	1.25bA	0.33dB
100	1.88dA	1.95dA	2.30cA	0.41dB	0.71eA	0.37dB	1.37efA	0.37eB	1.21bA	0.28deB

注:同列不同小写字母代表显著性 $P<0.05$。

3.2.6　各级团聚体对有机碳的贡献率分析

不同土层不同粒级团聚体中有机碳含量对土壤总有机碳贡献率如图3-7所示,随着土层的加深,各粒级团聚体中有机碳含量对土壤总有机碳的贡献率表现为先降后增再降然后增加的趋势。不同粒级团聚体中,在0~100 cm土层,大于2.0 mm粒级团聚体有机碳贡献率均最低,常规耕作处理为0.8%~5.4%,免耕处理为0.4%~12.5%。常规耕作处理以0.5~2.0 mm粒级团聚体有机碳贡献率在0~30 cm较其他粒级团聚体高;而免耕处理该粒级团聚体有机碳贡献率在0~50 cm土层均高于其他粒级团聚体。不同粒级团聚体的有机碳的累积贡献率以常规耕作处理40~50 cm土层较大,其次为免耕90~100 cm土层。在0~50 cm土层,免耕处理0.5~2.0 mm粒级团聚体有机碳贡献率较常规耕作高。在0.25~0.5 mm粒级土壤团聚体中,除40~50 cm土层外,其他土层均以免耕处理的有机碳贡献率最大。在0.053~0.25 mm粒级团聚体中,除80~90 cm土层外,其他土层均以常规处理的有机碳贡献率最高。在小于0.053 mm粒级团聚体中,除90~100 cm土层外,其他土层均以常规处理的有机碳贡献率最高。结果表明,在常规耕作条件下,在0~30 cm土层以0.5~2.0 mm粒级团聚体有机碳贡献率最大,在40~60 cm土层以0.25~0.5 mm粒级团聚体有机碳贡献率最大;在免耕条件下,在0~50 cm土层以0.5~2.0 mm粒级团聚体有机碳贡献率最大,在50~80 cm土层以0.25~0.5 mm粒级团聚体有机碳贡献率最大。在0~20 cm、30~40 cm及90~100 cm土层,各粒级团聚体有机碳累积贡献率均以免耕处理高。

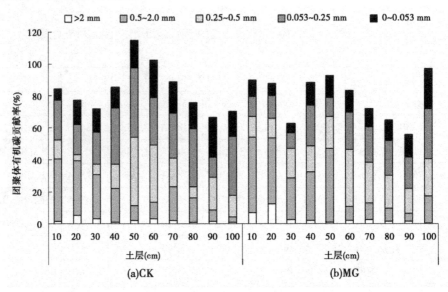

图 3-7　不同粒级团聚体有机碳贡献率

3.2.7　不同耕作方式对土壤结构稳定性的影响

大于 0.25 mm 水稳性团聚体含量、平均重量直径、几何平均直径及分形维数均能反映土壤结构的稳定性。常规耕作与免耕对不同土壤结构稳定性指标的影响如表 3-6 所示,从表 3-6 中可知,随着土层的加深,常规耕作大于 0.25 mm 水稳性团聚体含量、平均重量直径、几何平均直径均表现为逐渐降低的趋势,而分形维数表现为逐渐增大的趋势。结果表明,常年翻耕的土壤随着土层的加深,土壤结构稳定性逐渐降低。而免耕处理随土层的加深,大于 0.25 mm 水稳性团聚体含量、平均重量直径、几何平均直径均表现为先增加(20 ~ 30 cm)再降低(30 ~ 40 cm)再增加(40 ~ 50 cm)然后逐渐降低的趋势(50 ~ 100 cm),而分形维数则相反。与常规耕作相比,免耕有效提高了 0 ~ 100 cm 大于 0.25 mm 水稳性团聚体的含量,且提高了 0 ~ 60 cm 土层的平均重量直径和几何平均直径,降低了 0 ~ 30 cm 和 60 ~ 100 cm 土壤团聚体分形维数。说明不同土壤结构稳定性指标间存在一定差异,综合各评价指标,免耕较常规耕作提高了土壤结构的稳定性,其作用深度在 60 cm 以上。

3.2.8　土壤结构稳定性指标与不同粒级团聚体及有机碳组分相关性分析

平均重量直径(Mean Weight Diameter,WMD)、几何平均直径(Geometric Mean Diameter,GMD)及分形维数(Fractal Dimension,D)均能够反映土壤的结构稳定性,其与不同粒级土壤团聚体含量、全土总有机碳、活性有机碳及不同粒级团聚体总有机碳和活性有机碳之间存在一定的相关性(见表 3-7)。从表 3-7 中可知,WMD 与大于 2 mm、0.5 ~ 2.0 mm 团聚体含量及全土总有机碳含量、活性有机碳含量、不同粒级土壤团聚体总有机碳含量、0.053 ~ 0.25 mm 土壤团聚体活性有机碳呈极显著正相关($P < 0.01$),与 0.25 ~ 0.5 mm、

0.053~0.25 mm 和 <0.053 mm 团聚体含量呈极显著负相关($P>0.01$)。GMD 与 WMD 和不同粒级团聚体含量及有机碳组分等相关性基本一致。D 与 WMD、GMD 等指标相反。

表 3-6　常规耕作与免耕对不同土壤结构稳定性指标的影响

土层 (cm)	大于 0.25 mm 水稳性团聚体含量(%)		平均重量直径(mm)		几何平均直径(mm)		分形维数	
	CK	MG	CK	MG	CK	MG	CK	MG
10	54.91aB	68.31aA	0.63aB	0.80aA	0.37aB	0.48abA	2.35dA	2.25dB
20	48.02bB	68.33aA	0.65aB	0.86aA	0.33abB	0.52aA	2.56bA	2.39cB
30	45.52cB	69.84aA	0.57aA	0.66cA	0.28bB	0.41bA	2.61bA	2.39cB
40	44.61cA	46.22cA	0.49bA	0.49dA	0.27bA	0.27cA	2.46cA	2.51bA
50	36.82B	67.41aA	0.28cdB	0.71bcA	0.19cB	0.42bA	2.49cA	2.50bA
60	42.13dB	49.74bA	0.31cA	0.35efA	0.20cA	0.22cA	2.55bA	2.54abA
70	42.73dB	46.93cA	0.40bA	0.38eA	0.24bcA	0.23cA	2.50bcA	2.49bA
80	21.74eB	43.72dA	0.31cA	0.34efA	0.18cA	0.21cA	2.58bA	2.42bcB
90	41.71dA	40.03eA	0.29cdA	0.29fA	0.17cA	0.19cA	2.71aA	2.57aB
100	21.73eB	40.74eA	0.22dB	0.38eA	0.15cA	0.22cA	2.60bA	2.58aA

注:同列不同小写字母代表显著性 $P<0.05$,同行相同粒级团聚体中不同大写字母代表显著性 $P<0.05$,下同。

表 3-7　土壤结构稳定性指标与不同粒级团聚体及有机碳组分相关性分析

指标	团聚体含量						全土总有机碳	全土活性有机碳
	>2 mm	0.5~2.0 mm	0.25~0.5 mm	0.053~0.25 mm	<0.053 mm	>0.25 mm		
WMD	0.70**	0.97**	-0.50*	-0.70**	-0.62**	0.86**	0.88**	0.76**
GMD	0.71**	0.93**	-0.39	-0.72**	-0.67**	0.90**	0.88**	0.75**
D	-0.42	-0.59**	0.12	0.33	0.87**	-0.66**	-0.66**	-0.48*

指标	总有机碳					活性有机碳			
	>2 mm	0.5~2.0 mm	0.25~0.5 mm	0.053~0.25 mm	<0.053 mm	>2 mm	0.5~2.0 mm	0.25~0.5 mm	0.053~0.25 mm	<0.053 mm
	0.75**	0.80**	0.83**	0.86**	0.83**	0.46*	0.14	0.43	0.43*	0.67**
	0.75**	0.80**	0.84**	0.86**	0.82**	0.47*	0.13	0.45*	0.40	0.67**
	-0.67**	-0.63**	-0.66**	-0.69**	-0.65**	-0.53*	0.05	-0.29	-0.17	-0.47*

注: * 表示 $P<0.05$, ** 表示 $P<0.01$。

3.3 不同措施对土壤结构和有机碳含量的影响

本研究区概况、试验处理及田间管理等同 2.2 节。

从图 3-8 中可知,随粒级的减小,土壤团聚体含量表现为先降低再增加的趋势。保水剂更利于 >2 mm 粒级团聚体含量的提高,其次为秸秆覆盖处理;而在 2 ~ 1 mm 粒级,秸秆覆盖处理最高;在 1 ~ 0.5 mm 和 0.5 ~ 0.25 mm 粒级,秸秆覆盖和地膜覆盖处理的团聚体含量明显高于其他处理;>0.25 mm 水稳性团聚体含量表征了土壤结构稳定性大小,各处理中以秸秆覆盖处理的 >0.25 mm 水稳性团聚体含量较高,其次为地膜覆盖处理,这可能是秸秆和地膜很好地防止了雨滴的打击而使团粒结构不易分散所致。其次为保水剂和有机肥处理,普通耕作处理最低。

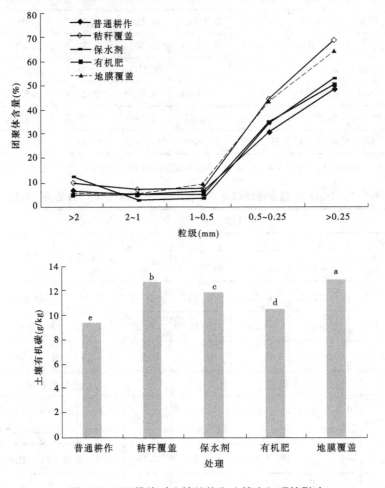

图 3-8　不同措施对土壤结构和土壤有机碳的影响

土壤结构的改善与其有机碳含量有关。各处理中,以地膜覆盖处理的有机碳含量最高,其次为秸秆覆盖、保水剂和有机肥处理,普通耕作处理最低。说明进行表土覆盖、施用农用保水剂与增施有机肥均有利于土壤有机碳含量的提高,促进大团粒(>0.25 mm) 结构的形成,提高土壤结构的稳定性。

3.4 不同耕作保墒措施对孔隙特征及水分参数的影响

本研究区概况、试验处理及田间管理等同 2.3 节。

3.4.1 不同措施对土壤结构和有机碳含量的影响

从图 3-9 中可知,>0.25 mm 水稳性团聚体含量能够表征土壤结构的优劣和土壤结构的稳定性。随土层的加深,>0.25 mm 水稳性团聚体含量明显降低。在 0～10 cm 土层,深松＋秸秆覆盖处理 >0.25 mm 水稳性团聚体含量最高。在 10～20 cm 土层,以保水剂处理 >0.25 mm 水稳性团聚体含量最高。在 20～40 cm 和 80～100 cm 土层,均以深松处理最高。说明不同土壤结构改良措施改善了土壤剖面的团粒结构,提高了土壤结构的稳定性。

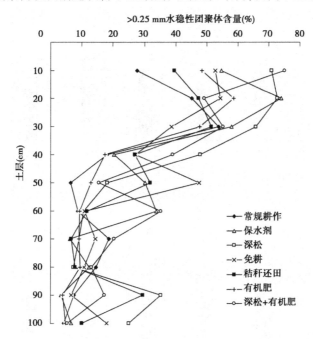

图 3-9 不同土壤改良措施剖面土壤 >0.25 mm 水稳性团聚体含量分布特征

3.4.2 不同措施对剖面土壤孔隙特征及有机碳组分的影响

采用 CT 扫描法对定位试验中 0～100 cm 原状土柱进行了扫描与分析(见图 3-10～图 3-12)。深松处理的土壤总孔隙数、>1 mm 孔隙数及 0.08～1 mm 孔隙数及孔隙度均明显高于其他处理,其次为深松＋秸秆覆盖、秸秆还田、保水剂、免耕和有机肥处理,常规耕作最低。而对于孔隙成圆率而言,各处理中,有机肥处理的总孔隙成圆率最大,常规耕作处理最小。秸秆还田处理 0.08～1 mm 孔隙成圆率和 >1 mm 孔隙成圆率明显高于其他处理,常规耕作处理仍最小。说明不同措施均改善了土壤的孔隙状况与形态,从而有利于土壤水分的供应与储存,尤其是秸秆还田后土壤孔隙形态更佳。

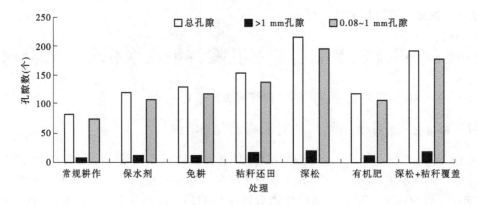

图 3-10 不同措施对土体不同孔隙数目的影响

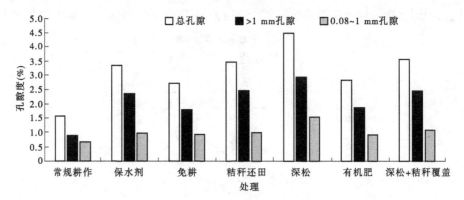

图 3-11 不同措施对土体不同孔隙度的影响

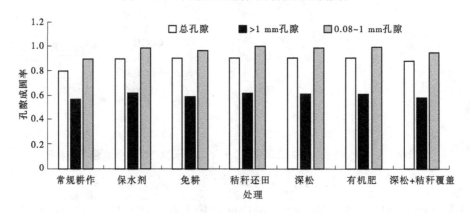

图 3-12 不同措施对土体不同孔隙成圆率的影响

对于土壤剖面而言[见图 3-13、图 3-14(a)]，深松处理更利于 0～30 cm 土层总孔隙、>1 mm 孔隙和 0.08～1 mm 土壤孔隙数的提高，其次为深松 + 秸秆覆盖处理，而深松 + 秸秆覆盖处理也增加了 40 cm 以下土层的总孔隙和 0.08～1 mm 土壤孔隙数。秸秆还田处理更利于提高 40 cm 土层以下 >1 mm 孔隙数。而对 0～100 cm 土层土壤孔隙度[见图 3-14(b)、图 3-15]而言，不同措施均改善了不同土层的土壤孔隙状况，尤其是深松处理

和深松 + 秸秆覆盖处理。

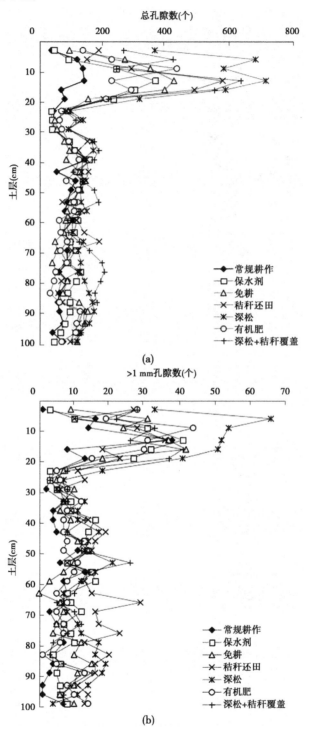

图 3-13　不同措施对 0 ~ 1 000 mm 土层土壤总孔隙数和 > 1 mm 土壤孔隙数目影响

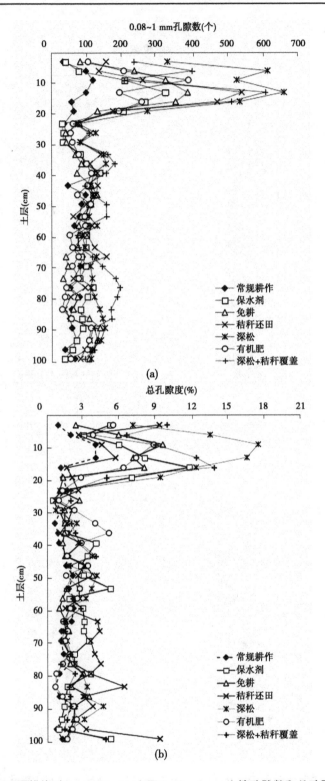

图 3-14　不同措施对 0 ~ 1 000 mm 土层 0.08 ~ 1 mm 土壤孔隙数和总孔隙度影响

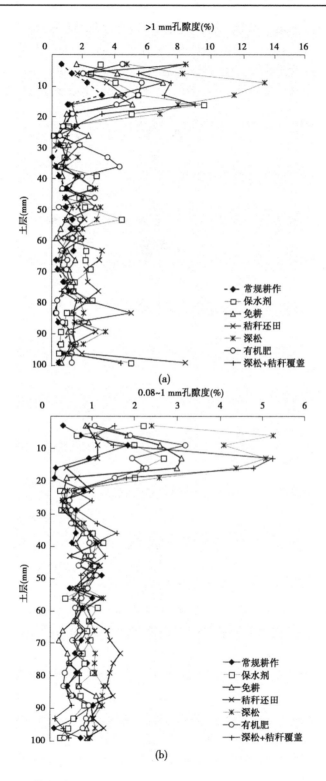

图 3-15　不同措施对 0 ~ 1 000 mm 土层 >1 mm 和 0.08 ~ 1 mm 土壤孔隙度影响

不同措施对不同土层土壤总有机碳含量的影响如图 3-16 所示。随土层的加深,土壤总有机碳含量在 40 cm 以上深度含量丰富,特别是 20 cm 以上的表层,40～70 cm 为含量过渡层,70 cm 以下为稳定层,总体随深度增加而衰减。除在 10～20 cm 土层以秸秆还田和保水剂处理土壤总有机碳最高外,在 50 cm 以上土层,均以免耕处理的土壤总有机碳含量最高,常规耕作处理最低。

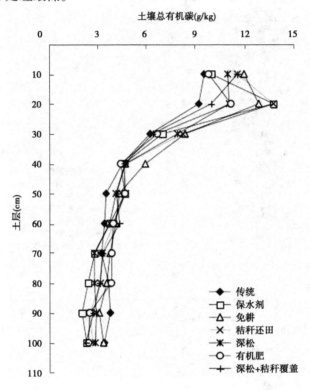

图 3-16　不同措施对 0～100 cm 土层土壤总有机碳的影响

不同措施不同土层土壤活性有机碳含量如图 3-17(a)所示。随土层的加深,土壤活性有机碳含量表现为先增加后降低的趋势。在 0～20 cm 土层,活性有机碳表现为:深松 > 保水剂 > 有机肥 > 秸秆还田 > 深松 + 秸秆覆盖、免耕 > 常规耕作。在 20～30 cm 土层,深松、秸秆还田和保水剂处理的活性有机碳含量明显高于其他处理。在犁底层(30～40 cm),深松 + 秸秆覆盖处理的活性有机碳明显较其他处理高。在 40 cm 土层以下,各处理之间变化较大,且不同土层变化规律并不一致。

从图 3-17(b)中可知,随土层的加深,土壤非活性有机碳含量仍表现为先增加后降低的趋势,且仍以 10～20 cm 土层非活性有机碳含量最高。在 0～10 cm 土层,非活性有机碳表现为:免耕 > 深松 + 秸秆覆盖 > 秸秆还田 > 常规耕作 > 保水剂、有机肥、深松。在 10～20 cm 土层,非活性有机碳表现为:秸秆还田 > 免耕 > 保水剂 > 有机肥 > 常规耕作 > 深松 + 秸秆覆盖 > 深松。在 20～50 cm 和 60～70 cm 土层,保水剂处理明显高于其他处理。在 80 cm 土层以下,常规耕作处理均高于其他处理。

从图 3-18 中可知,随土壤团聚体粒级的降低,其土壤总有机碳逐渐降低。不同措施

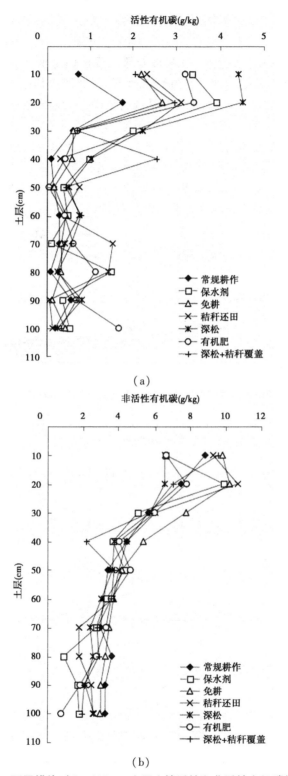

（a）

（b）

图 3-17　不同措施对 0 ~ 100 cm 土层土壤活性和非活性有机碳的影响

中,以深松＋秸秆覆盖和保水剂处理较其他处理高,尤其是＞2 mm 粒级的团聚体。而秸秆还田处理偏低,但均高于常规耕作。从图 3-19 中可知,各处理不同粒级团聚体活性有机碳含量变幅较大,但其基本随土壤团聚体粒级的降低而降低。保水剂和深松处理的活性有机碳含量明显低于其他处理,而深松＋秸秆覆盖处理较其他处理高,尤其是＞2 mm 粒级的团聚体。从图 3-20 中可知,土壤非活性有机碳含量随土壤团聚体粒级的降低表现为先降低再增加的趋势,其在 0.05～0.25 mm 粒级中含量最低。在＞2 mm 粒级土壤团聚体含量中以秸秆还田处理的非活性有机碳含量最高,其次为深松＋秸秆覆盖处理和深松处理,常规耕作处理最低。在＞0.05 mm 粒级土壤团聚体中,常规耕作处理非活性有机碳含量较其他处理低。在＜2 mm 粒级土壤团聚体中,深松处理的非活性有机碳含量较其他处理高。

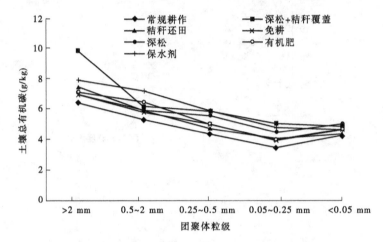

图 3-18　不同措施对不同粒级团聚体总有机碳的影响

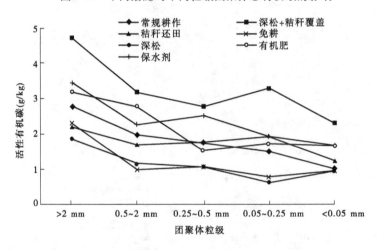

图 3-19　不同措施对不同粒级团聚体活性有机碳的影响

从表 3-8 中可知,＞0.25 mm 水稳性团聚体含量其与容重呈负相关,与其他参数基本呈正相关关系。保水剂处理对于其相关性影响更为显著,基本达到了显著和极显著水平。

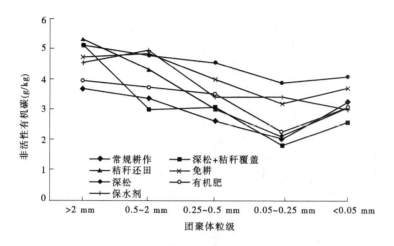

图 3-20 不同措施对不同粒级团聚体非活性有机碳的影响

常规耕作与秸秆还田处理对于 >0.25 mm 水稳性团聚体含量与其他土壤物理参数影响相关性影响均不显著。说明不同措施对于土壤结构(>0.25 mm 水稳性团聚体含量)与不同土壤物理参数的相关性影响存在一定差异,而深松和保水剂处理对其影响最为显著。

表 3-8 >0.25 mm 水稳性团聚体含量与不同土壤物理参数相关性分析

处理	田间持水量	萎蔫含水量	有效水含量	容重	饱和含水量	土壤持水能力	土壤供水能力	孔隙度			孔隙数		
								<0.08 mm	>1 mm	0.08~1 mm	<0.08 mm	>1 mm	0.08~1 mm
常规耕作	0.560	0.630	−0.006	−0.123	0.117	0.601	−0.096	0.160	0.305	−0.338	−0.138	0.379	−0.253
秸秆还田	−0.334	−0.237	−0.601	−0.293	−0.072	−0.297	−0.615	0.581	0.544	0.554	0.500	0.149	0.511
保水剂	0.932**	0.909**	0.775**	−0.771**	0.760*	0.940**	0.736*	0.648*	0.664*	0.566	0.519	0.651*	0.499
深松	0.793**	0.685*	0.846**	−0.780**	0.796**	0.762*	0.835**	0.646*	0.652*	0.627	0.710*	0.674*	0.712*
免耕	0.626	0.480	0.620	−0.657*	0.678*	0.586	0.595	0.728*	0.721*	0.663*	0.711**	0.700*	0.711*
有机肥	0.371	0.305	0.361	−0.682*	0.699*	0.352	0.329	0.015	0.204	−0.669*	0.726*	0.746*	0.722*
深松+秸秆覆盖	0.778**	0.664*	0.526	−0.614	0.605	0.762*	0.472	0.738*	0.739*	0.661*	0.465	0.620	0.445

注: * 表示 $P<0.05$, ** 表示 $P<0.01$,下同。

从表 3-9 中可知, >0.25 mm 水稳性团聚体含量其与不同粒级团聚体不同组分有机碳含量的相关性受不同措施的影响。整体来看,不同粒级团聚体不同组分有机碳均与 >0.25 mm团聚体含量呈正相关,说明其均利于提高土壤结构的稳定性。除常规耕作外,其他处理均对其相关性影响达到显著或极显著。在不同粒级不同组分有机碳中,总有机碳含量对土壤结构稳定性的影响程度最大,其次为非活性有机碳,活性有机碳含量的作用相对较低。整体而言,深松处理对于 >0.25 mm 团聚体含量与不同类型及粒级有机碳含量的相关性的影响更为紧密。

表 3-9　>0.25 mm 水稳性团聚体含量与不同粒级团聚体有机碳相关性分析

处理	总有机碳					活性有机碳					非活性有机碳				
	2 mm	0.5~2 mm	0.25~0.5 mm	0.05~0.25 mm	<0.05 mm	2 mm	0.5~2 mm	0.25~0.5 mm	0.05~0.25 mm	<0.05 mm	2 mm	0.5~2 mm	0.25~0.5 mm	0.05~0.25 mm	<0.05 mm
常规耕作	0.495	0.512	0.512	0.600	0.609	0.361	−0.168	0.059	0.332	0.259	0.463	0.568	0.576	0.563	0.601
秸秆还田	0.622	0.777**	0.777**	0.825**	0.767**	0.445	0.793**	0.707*	0.660*	0.663*	0.546	0.529	0.652*	0.698*	0.605
保水剂	0.857**	0.831**	0.901**	0.885**	0.854**	0.545	0.645*	0.783*	0.752*	0.807**	0.825**	0.724*	0.853**	0.884**	0.809**
深松	0.833**	0.832**	0.921**	0.915**	0.885**	0.798**	0.541	0.696*	0.928**	0.786**	0.821**	0.839**	0.904**	0.888**	0.883**
免耕	0.776**	0.827**	0.853**	0.853**	0.825**	0.566	0.879**	0.798**	0.847**	0.829**	0.693*	0.807**	0.825**	0.822**	0.807**
有机肥	0.811**	0.583	0.809**	0.745*	0.868**	0.646*	0.265	0.082	0.740*	0.611	0.718*	0.506	0.871**	0.390	0.852**
深松＋秸秆覆盖	0.901**	0.885**	0.886**	0.909**	0.945**	0.616	0.653*	0.850**	0.896**	0.304	0.724*	0.704*	0.689*	0.628	0.889**

注：*表示 $P<0.05$，**表示 $P<0.01$，下同。

第 4 章　耕作保墒措施对水分参数的影响

少耕或免耕可提高土壤肥力和土壤孔隙度,降低土壤容重,促进水分就地入渗,改善作物生长的土壤环境。秸秆还田结合免耕可增加表层土壤的通气孔隙,提高土壤持水性能,有效保持土壤剖面水分含量,减少土壤蒸发量,增加土壤水分库容,提高土壤的饱和导水率。但也有研究表明,免耕虽不利于水分入渗,但可有效保持土壤中的水分。连续 2 年免耕可改善土壤结构,降低土壤容重,改善土壤孔隙状况,提高土壤的入渗与保墒能力。深松能够打破土壤犁底层,改善土壤孔隙,促进水分向更深土层入渗,促进根系下扎,有效提高土壤的储水量。而深松+地面覆盖可改善土壤团粒结构,提高土壤剖面的水分状况。免耕与深松轮作能显著提高土体的蓄水量。众多研究表明,不同耕作与保墒及土壤结构改良措施影响下垫面土壤的结构特征,进而对其入渗能力、持水与供水性能等产生一定的影响,且随不同措施的持续进行,其对深层土壤也会产生一定的影响。

研究区概况与及研究处理与 2.3 节同。

从长期定位试验中采集 0~100 cm 原状土柱、环刀样、原状土及混合土壤样品,分析不同措施的土壤物理性质及水分参数。长期定位试验(2006 年秋季小麦播种时开始)共设置 7 个处理:常规耕作、秸秆还田(小麦秸秆还田)、保水剂(聚丙烯酰胺类,施用量为 60 kg/hm²)、有机肥(鸡粪,750 kg/hm²)、免耕(小麦、玉米播种时均免耕)、深松(深度 30 cm)、深松+秸秆覆盖(4 500 kg/hm²)。

不同措施显著提高了土壤的入渗能力(见图 4-1~图 4-3),且土壤的抗蒸发能力(见图 4-4)显著提高。在 0~100 cm 土层中,不同措施均有效改善了土壤结构,从而促进了水分向土体中入渗,尤其是深松+秸秆覆盖和深松处理。说明进行深松或深松后秸秆覆盖更利于土壤接纳水分,提高雨水的就地入渗和累计入渗量,减少土壤的无效蒸发,提高水分利用率。

随土层的加深,土壤持水能力表现为先降低(0~70 cm)再增加(70 cm 以下)的趋势见图 4-5(a)。深松处理在 20~50 cm 土层的持水能力最强。在 60 cm 土层以下,秸秆还田处理的持水能力明显高于其他处理。随土层的加深,土壤供水能力表现为先增加再降低再增加而趋于平缓[见图 4-5(b)]。在 0~10 cm 土层,土壤供水能力以免耕处理最强。在 10~40 cm 土层,土壤供水能力以深松处理最强。秸秆还田处理在 70 cm 以下土层的供水能力较强。

不同措施提高了土壤的饱和含水量、田间持水量及土壤有效水含量。从图 4-6 中可知,在 0~10 cm 土层中,以免耕处理的饱和含水量最高。在 10~50 cm 土层,以深松处理最高。随土层的加深,不同处理的田间持水量表现为逐渐降低再增加的趋势[见图 4-7(a)]。深松处理 10~50 cm 土层的田间持水量较其他处理高,但在 50~80 cm 土层间,其田间持水量明显低于其他处理,而随土层的加深,其田间持水量有显著提高。土壤有效水随土层的加深而表现为先增加后降低而趋于稳定的趋势[见图 4-7(b)]。免耕处理的表层土壤有效水含量明显高于其他处理,而在 10~50 cm 土层,以深松处理最高,但在 50~80 cm 土层,其土壤有效水含量显著降低。

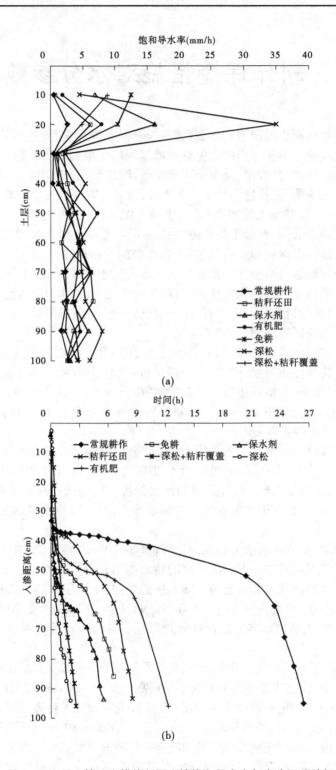

图 4-1　不同土壤改良措施剖面土壤饱和导水率与水分运移特征

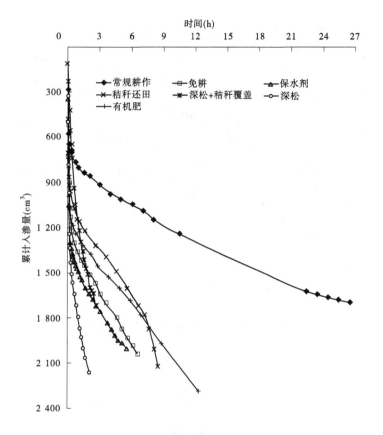

图 4-2　不同土壤改良措施土壤累计入渗量比较

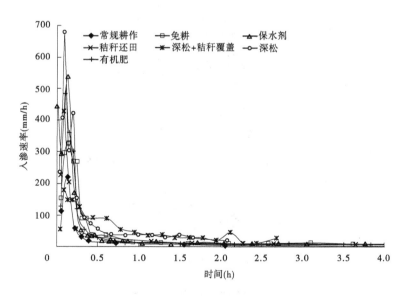

图 4-3　不同土壤改良措施土壤入渗速率比较

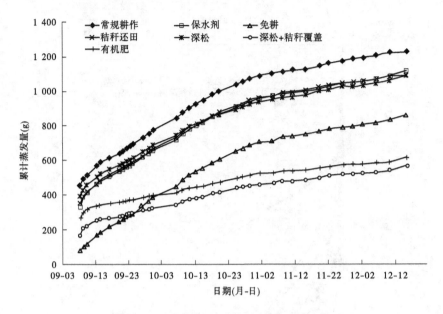

图 4-4　不同土壤改良措施土壤蒸发量分析

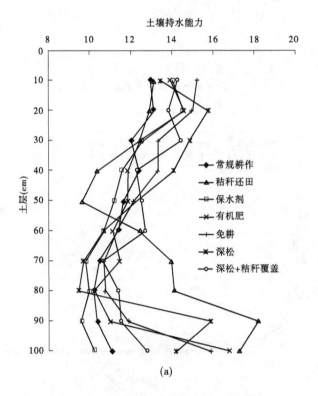

(a)

图 4-5　不同土壤改良措施剖面土壤持水能力与供水能力分析

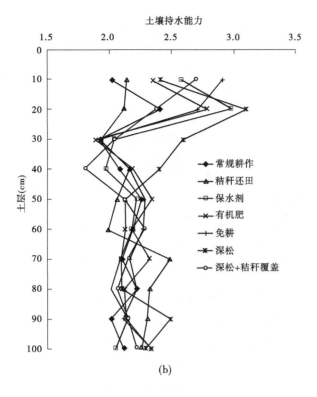

(b)

续图 4-5

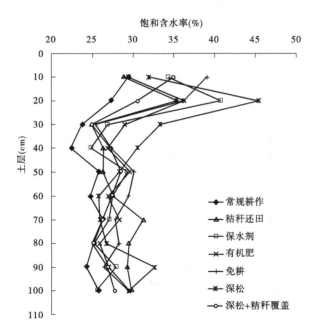

图 4-6　不同土壤改良措施剖面土壤饱和含水量分布特征

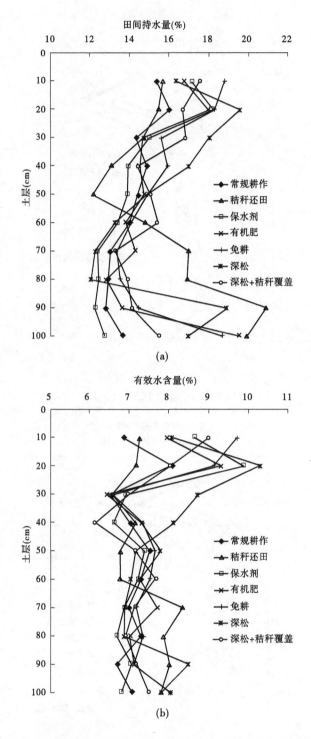

图 4-7　不同土壤改良措施剖面土壤田间持水量与土壤有效水含水量分布特征

第 5 章　耕作保墒措施对土壤碳、氮的影响

　　有机质和氮素是反映耕作管理和作物养分吸收的最主要因子,其含量及动态分布对土壤质量和土地生产力具有重要影响,而且对农田生态系统中碳氮循环也具有重要意义。保护性耕作能够降低土壤容重,提高土壤有机质和全氮含量,进而提高作物产量。有研究表明,长期保护性耕作土壤表层有机碳总体呈增加趋势。秸秆是土壤有机质的重要来源,巩文峰等(2013)研究结果表明,在黄土高原区,免耕秸秆覆盖显著提高 0~5 cm、5~10 cm 和 10~15 cm 土层有机质含量。此外,免耕秸秆覆盖还可以增加土壤表层的氮素。然而,以往关于土壤深层有机碳和全氮含量的研究结果不一致,且多侧重短期保护性耕作对土壤碳和氮素含量的影响。土壤硝态氮淋溶损失是造成环境污染的主要原因之一。前人关于免耕对土壤硝态氮淋溶的研究结果也不一致。有研究表明免耕能够减少土壤硝态氮淋溶损失,但也有研究表明免耕秸秆增加了土壤硝态氮淋溶损失,还有研究认为不同耕作措施对土壤硝态氮淋溶无显著影响。因此,免耕条件下土壤碳和氮素的年际变化及冬小麦生育期碳素和氮素的垂直分布特征仍有待进一步研究。本书通过研究 10 年保护性耕作对土壤表层有机质和全氮的年际变化的影响,明确保护性耕作下作物产量与有机质和全氮的相关关系;分析 2014~2016 年保护性耕作下冬小麦关键生育期 0~100 cm 土壤有机质、全氮、硝态氮和铵态氮的垂直分布特征,为适宜保护性耕作措施推广提供基础数据。

5.1　保护性耕作下碳储量年际变化

5.1.1　不同耕作措施对土壤表层有机碳的影响

　　不同耕作措施土壤 0~20 cm 有机碳(SOC)提高百分数年际变化(2011~2015 年)趋势如图 5-1 所示。与 2006 年土壤有机碳(12.3 g/kg)相比,2011~2015 年 4 种耕作处理均不同程度地提高了土壤有机质含量,但不同耕作处理提高表层有机碳幅度差异显著($P<0.05$)。传统耕作处理提高百分数在 2011~2015 年先增加后降低;免耕有机质提高百分数在 2012 年显著提高后并保持稳定;深松耕作处理有机质提高百分数先降低后升高;而双季秸秆还田处理有机质提高百分数在 2011~2015 年逐年增加,提高数值分别为 26.5%、26.7%、30.1% 和 41.4%。不同耕作相比,双季秸秆还田处理在 2011~2015 年提高土壤有机碳的幅度均高于其他处理。2015 年传统耕作、免耕、深松和双季秸秆还田处理有机碳提高百分数差异显著($P<0.05$),数值分别为 24.2%、27.6%、36.3% 和 41.4%,这也说明秸秆是土壤有机质的重要来源,双季秸秆还田处理能够显著提高土壤表层有机碳含量。

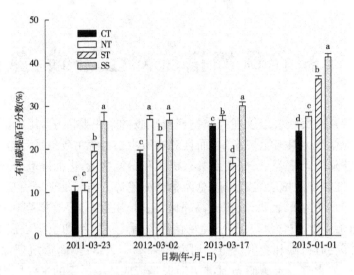

图 5-1 不同耕作处理 0~20 cm 有机碳含量变化

注:本研究区概况同 2.3,试验处理 CT、NT、ST 和 SS 分别为传统耕作、免耕、深松和双季秸秆还田处理;不同字母表示处理间差异显著($P<0.05$),下同。

5.1.2 保护性耕作下土壤有机碳储量、平均年变化量和相对年变化量

与 2006 年试验开始时相比,试验期间(2006~2015 年)免耕、深松和双季秸秆还田处理土壤 0~20 cm 有机碳储量分别提高 34.6%、43.9% 和 47.4%(见表 5-1)。4 种耕作处理有机碳平均年变化量分别为 0.22 g/kg、0.26 g/kg、0.49 g/kg 和 0.56 g/kg。与传统耕作相比,免耕、深松耕作和双季秸秆处理在 2006~2015 年有机碳平均年变化量(MAV)分别是传统耕作的 1.18 倍、2.23 倍和 2.55 倍,说明保护性耕作措施在试验期间有利于碳储量增

表 5-1 不同耕作措施下土壤 0~20 cm 有机碳储量平均年变化量和相对年变化量

指标	耕作处理			
	CT	NT	ST	SS
2006 年初始有机碳含量(g/kg)	12.3	12.3	12.3	12.3
2006 年有机碳储量(kg/m²)	3.21	3.21	3.21	3.21
2015 年有机碳含量(g/kg)	14.32c	14.71c	16.81b	17.42a
2015 年有机碳储量(kg/m²)	3.94c	4.32b	4.62a	4.73a
2006~2015 年有机碳平均年变化量(g/kg)	0.22	0.26	0.49	0.56
2006~2015 年有机碳相对年变化量(g/kg)	—	0.05	0.16	0.23
土壤有机碳年累计速率[kg/(m²·a)]	0.26	0.32	0.33	0.45

注:表中相同行中的不同小写字母表示差异显著($P<0.05$)。

加。其中双季秸秆处理的相对年变化量和周年累积量均最大,分别为 0.23 g/kg 和 0.45 kg/(m²·a),这说明双季秸秆还田处理优于其他处理,在固碳能力方面表现最优。

5.2　保护性耕作下土壤表层(0~20 cm)全氮含量年际变化

与试验开始的 2006 年相比,除传统耕作在 2011 年略有所降低外,试验期间(2011~ 2015 年)传统耕作、免耕、深松和双季秸秆还田处理全氮平均含量均有所增加(见图 5-2)。与传统耕作相比,双季秸秆还田处理在 2011 年 3 月和 2015 年 3 月达到最大值,分别为 0.91 mg/kg 和 0.94 mg/kg;免耕在 2013 年 5 月、2014 年 5 月和 2015 年 6 月达到最大值, 分别为 1.09 mg/kg、1.09 mg/kg 和 1.05 mg/kg;而深松耕作在 2011 年 10 月和 2012 年 6 月 达到最大值。从最大值出现的频率来看,免耕、双季秸秆还田和深松处理均不同程度地提高土壤全氮含量,其中免耕略占优势,一方面可能是由于免耕能够显著提高土壤表层有机质,而土壤中 80%~97% 的氮(中国土壤,1978)存在于有机质之中;另一方面,由于免耕能够减缓土壤养分流失而造成的氮素损失,进而导致免耕处理下全氮含量较高。

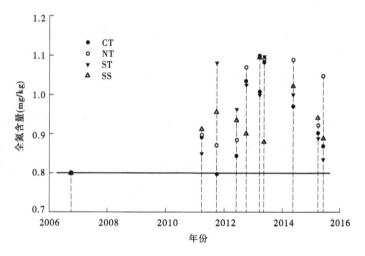

图 5-2　不同耕作处理 0~20 cm 全氮含量变化

5.3　保护性耕作有机质、全氮含量与作物产量的关系

冬小麦产量与有机质呈显著正相关($P<0.05$),而冬小麦产量与全氮无显著相关性 ($P>0.05$)(见图 5-3)。冬小麦产量随有机质增加而提高,其 $R^2 = 0.534\ 6$,呈显著正相关。由于 2011~2015 年 4 种耕作处理对土壤表层全氮含量提高不显著,进而造成冬小麦产量与全氮无显著相关性,其 $R^2 = 0.118\ 6$。

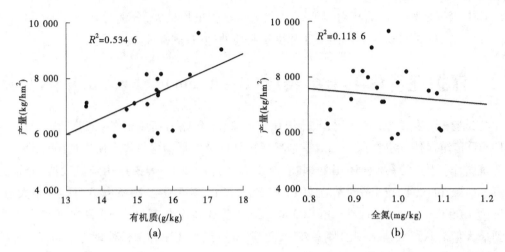

图 5-3　2011~2015 年不同耕作措施下有机质、全氮含量与产量的相关关系

5.4　保护性耕作措施下有机质和全氮的垂直分布特征

　　土壤有机碳和全氮含量在冬小麦拔节期和收获期均随土层深度增加而逐渐减少。其中,0~40 cm 土层不同耕作处理土壤有机碳和全氮含量较高且差异显著,60~100 cm 土层土壤有机碳和全氮含量大幅减少并趋于稳定(见图 5-4)。

　　不同耕作处理土壤有机碳含量在拔节期和成熟期 0~40 cm 土层表现不尽相同。0~20 cm 拔节期有机碳含量表现为:双季秸秆还田>传统耕作>深松耕作>免耕,冬小麦拔节期双季秸秆还田处理较传统耕作提高土壤有机碳 2.8%。不同耕作处理在 0~20 cm 土层冬小麦收获期有机碳含量差异显著($P<0.05$),表现为:双季秸秆还田>免耕>深松耕作>传统耕作。与传统耕作相比,双季秸秆还田、免耕和深松耕作分别提高土壤有机碳 21.2%、12.0%和 6.2%。土层 20~40 cm,不同耕作处理土壤有机碳含量在拔节期差异显著($P<0.05$),且免耕土壤有机碳较传统耕作提高 45.9%,远高于其他耕作处理。而在成熟期免耕土壤有机碳较传统耕作降低。

　　传统耕作、免耕、深松和双季秸秆还田处理在拔节期 0~20 cm 和 20~40 cm 土层土壤全氮含量差异显著($P<0.05$)。与传统耕作相比,双季秸秆还田处理分别提高冬小麦拔节期 0~20 cm 土壤全氮 15.5%,提高土层 20~40 cm 全氮含量 10.8%。免耕在冬小麦拔节期表层 0~20 cm 未显著提高土壤全氮含量,在 20~40 cm 免耕处理全氮含量达到最大值,较传统耕作提高 48.5%。冬小麦收获期,免耕在 0~20 cm 土层全氮含量显著高于其他处理,而 20~40 cm 土层全氮含量表现为:深松耕作>传统耕作>免耕>双季秸秆还田。

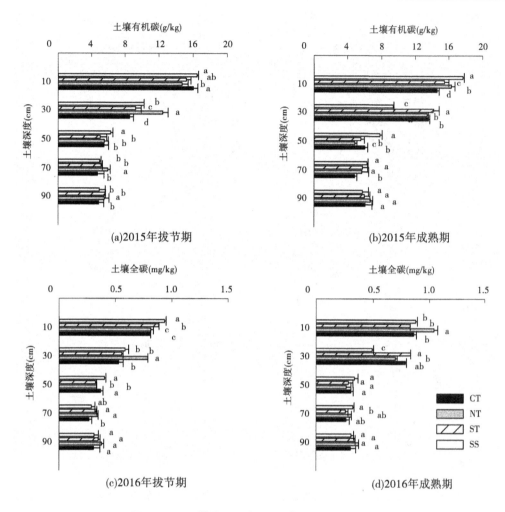

图 5-4　不同耕作处理有机质、全氮剖面分布特征

5.5　保护性耕作关键生育期硝态氮和铵态氮的纵向分布特征

　　土壤硝态氮淋失是氮素损失的重要途径之一。土壤硝态氮剖面分布特征受土壤耕作方式影响。不同耕作处理下冬小麦关键生育期 0～100 cm 土层硝态氮含量动态变化如图 5-5所示。不同年份同一生育期硝态氮浓度在剖面的分布特征不同,同一年份不同生育期土壤硝态氮浓度在剖面分布趋势大致相同,各生育期略有差别。2015 年不同耕作方式在冬小麦拔节期、灌浆期和成熟期硝态氮浓度随土层深度增加而减少,尤其在拔节期和成熟期 60～80 cm 土层硝态氮含量显著降低。从拔节期至成熟期,4 种耕作方式 0～100 cm 平均硝态氮浓度逐渐减少,说明随着作物生长吸收,土壤硝态氮不断损耗。2016 年不同耕作方式在冬小麦拔节期、关键期和成熟期硝态氮浓度随土层深度呈先增加后降低的趋势,可能由于该年份降水量少,土壤表层温度升高,抑制了土壤的硝化速率,导致土壤表

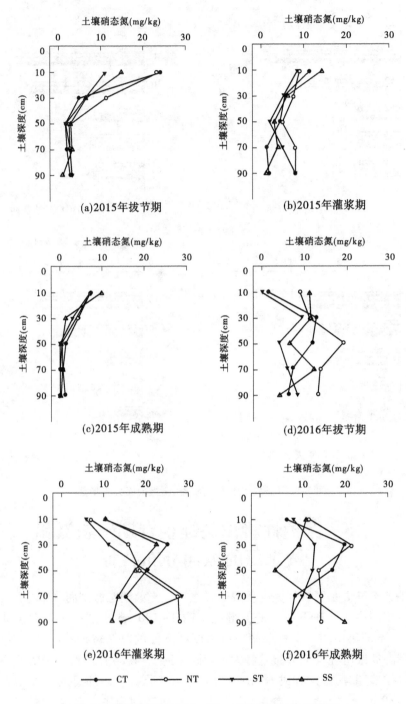

图 5-5　不同耕作处理 0~100 cm 硝态氮的分布特征

层硝态氮含量降低。其中,0~20 cm 土层 2014~2015 年冬小麦拔节期和灌浆期硝态氮浓度明显高于 2015~2016 年同生育期相同土层硝态氮浓度,这可能是由于 2014~2015 年小麦季水分充足,有利于氮素矿化,使土壤表层硝态氮浓度增加。此外,雨水充沛,冬小麦根系发育良好有利于吸收耕层(0~40 cm)硝态氮,使表层硝态氮浓度未迁移到土壤深层,进而使土壤深层硝态氮浓度逐渐降低。

不同耕作方式通过改变土壤物理性质影响硝态氮分布特征。相同年份,同一生育期不同耕作方式 0~100 cm 平均硝态氮积累量差异显著(见图 5-5)。与传统耕作相比,免耕提高 2015 年冬小麦拔节期和灌浆期 0~100 cm 土壤硝态氮积累量分别为 20.0% 和 53.9%;分别提高 2016 年冬小麦拔节期、灌浆期和成熟期 0~100 cm 土壤硝态氮积累量 66.3%、5.7% 和 28.3%,说明免耕处理有利于硝态氮累积在 0~100 cm,减轻硝态氮淋溶到地下水,造成环境污染。

2015~2016 年 0~100 cm 土层 4 种耕作处理冬小麦苗期至拔节期铵态氮浓度值较低且保持稳定,拔节期之后,铵态氮浓度值大幅升高且不同耕作处理差异显著(见图 5-6)。不同土层扬花期至成熟期不同耕作处理铵态氮浓度差异明显。土层 0~20 cm 处,扬花期至成熟期传统耕作、双季秸秆还田和免耕处理铵态氮浓度呈先增加后减少的趋势,其中,传统耕作在灌浆期达到最大值 3.71 mg/kg。20~40 cm 处,双季秸秆还田处理在扬花期和成熟期铵态氮浓度显著高于其他处理,这可能是秸秆还田处理增加土壤水分,降低土壤温度和土壤 pH 值,减少氨挥发损失造成的。而 40~60 cm 处理,深松耕作和传统耕作自冬小麦拔节期至成熟期呈先增加后降低的趋势,其铵态氮浓度显著高于免耕和双季秸秆处理。土层 80~100 cm,免耕在扬花期铵态氮浓度显著高于其他处理。可见,不同土层不同生育期由于温度、水分和作物根系吸收能力不同导致不同耕作处理铵态氮积累浓度不同。

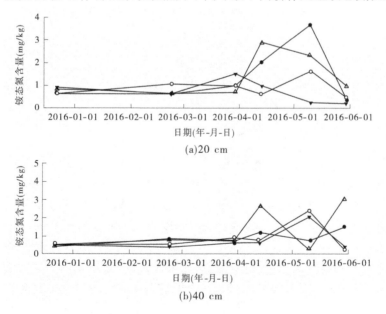

图 5-6　不同耕作处理 0~100 cm 铵态氮的分布特征

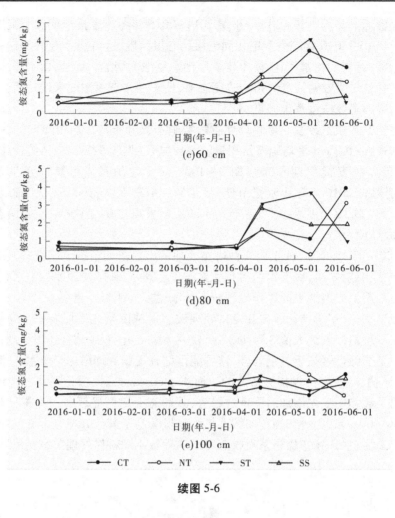

续图 5-6

5.6　讨　论

5.6.1　不同耕作措施对土壤碳储量的影响

保护性耕作措施由于减少对土壤扰动,增加了土壤团聚体数量,改善了土壤结构,进而提高土壤有机碳含量。本研究表明,免耕、深松和双季秸秆还田处理表层(0~20 cm)有机质含量在试验期间(2006~2015 年)均表现为增加趋势。不同耕作措施由于对土壤的扰动程度和作用强度不同,对土壤碳库提高的程度不同。大量研究表明,免耕覆盖由于最低限度扰动土壤,显著增加表层大团聚体含量,提高土壤水稳性,降低微生物碳代谢能力,进而提高了土壤表层有机碳储量。但也有研究表明,免耕在短期内未显著影响土壤表层碳储量增加,反而有所下降。此外,有研究表明,耕作+秸秆还田处理较无秸秆处理显著提高水稳性团聚体数量,且秸秆还田处理提高土壤有机碳储量效果优于耕作。本研究结果也表明,与传统耕作相比,免耕和秸秆还田处理均显著提高土壤表层有机碳储量、平均年变化量和相对年变化量,且秸秆还田处理优于免耕。

5.6.2　不同耕作措施对土壤全氮、硝态氮和铵态氮的影响

　　土壤中全氮含量是表征土壤质量的重要指标之一。不同耕作措施由于对土壤扰动程度不同,对土壤全氮含量具有不同影响。研究表明,免耕能够提高土壤表层全氮含量。Sainju et al.(2002)研究认为,免耕由于减少了土壤流失,致使土壤表层全氮含量较传统耕作显著增加。此外,研究表明秸秆还田可促进固氮微生物的固氮作用,增加土壤全氮含量。罗珠珠等通过田间定位试验发现,秸秆还田可显著提高土壤 0~10 cm 的全氮含量。然而,关于免耕条件下土壤全氮的垂直分布特征,研究结果不一致。有研究认为免耕措施仅提高了表层全氮含量,而对土壤深层全氮含量影响不大,也有研究认为免耕能够提高 0~150 cm 全氮含量。而本研究结果表明,免耕和秸秆还田处理均能提高土壤表层(0~40 cm)全氮含量,对 40~100 cm 土壤全氮含量影响不大。

　　免耕能够显著提高土壤 0~90 cm 土层硝态氮含量,减少硝态氮淋失。但也有研究表明,由于免耕通气性较差,增加了反硝化细菌的数量,而降低了土壤硝态氮含量,增加了硝态氮自耕层向深层的淋溶损失。本研究结果表明,免耕显著提高土壤 0~100 cm 硝态氮含量,说明免耕处理有利于硝态氮累积在 0~100 cm,减轻硝态氮淋溶到地下水,造成环境污染。此外,罗珠珠等(2009)通过田间定位试验发现,秸秆还田可显著提高土壤 0~30 cm 的铵态氮含量。本研究结果发现,秸秆还田处理在冬小麦拔节期之后能够显著提高 0~20 cm 和 20~40 cm 土层铵态氮含量,这可能是秸秆还田相对传统耕作能够增加土壤水分,降低土壤 pH 值,减少氨挥发造成的。

5.7　小　结

　　(1)与试验初期土壤有机碳相比,传统耕作、免耕、深松和双季秸秆覆盖在 9 年后均不同程度地提高了土壤有机碳含量,且不同耕作处理提高土壤有机碳的幅度差异显著($P<0.05$)。与 2006 年试验开始时的土壤有机碳相比,免耕、深松和双季秸秆还田处理土壤 0~20 cm 有机碳储量分别提高 34.6%、43.9% 和 47.4%。与传统耕作相比,免耕和双季秸秆均能提高土壤有机碳平均年变化量和相对变化量。双季秸秆还田处理在试验期间有机碳平均年变化量是传统耕作的 2.55 倍,且双季秸秆还田处理相对年变化量和周年累积率均最大,分别为 0.23 g/kg 和 0.45 kg/(m^2·a),这说明双季秸秆还田处理在固碳能力方面优于免耕。与试验开始的 2006 年土壤全氮相比,免耕、深松和双季秸秆还田处理全氮平均含量均有所增加。与传统耕作相比,免耕处理增加作用略显优势。

　　(2)不同耕作措施下土壤有机质和全氮含量在 0~100 cm 随土壤深度增加而逐渐减少。其中,0~40 cm 有机质和全氮含量较高,土层 60~100 cm 有机质和全氮含量大幅减少且趋于稳定。与传统耕作相比,免耕和双季秸秆还田处理显著提高耕层(0~40 cm)土壤有机碳和全氮含量。

　　(3)不同年份同一生育期硝态氮浓度在剖面的分布特征不同,同一年份不同生育期土壤硝态氮浓度在剖面分布趋势大致相同,各生育期略有差别。与传统耕作相比,免耕提

高冬小麦拔节期和灌浆期 0~100 cm 土壤硝态氮积累量,说明免耕处理有利于硝态氮累积在 0~100 cm,减轻硝态氮淋溶到地下水而造成的环境污染。4 种耕作处理下冬小麦苗期至拔节期 0~100 cm 铵态氮浓度值较低且保持稳定,拔节期之后,铵态氮浓度值大幅升高且不同耕作处理差异显著。与传统耕作相比,双季秸秆处理显著提高了冬小麦拔节期 0~40 cm 土壤铵态氮含量。

第 6 章　耕作保墒措施对植株碳、氮素积累与转运的影响

　　随着中国人口快速增长和可利用耕地面积减少,粮食安全问题日趋严峻。小麦作为中国第一大粮食作物,如何提高其产量是作物科学研究的热点问题之一。碳素和氮素是营养元素中限制产量的重要因子,碳氮素的积累和转运对实现小麦增产具有重大意义。小麦扬花前期营养器官储存氮素的再分配是籽粒中氮累积量的主要来源,占籽粒氮素的53%~80.8%。

　　保护性耕作是以秸秆覆盖和免耕技术为核心的一种先进的耕作方法,它能够通过免耕、深松和残茬覆盖等措施改变土壤物理性质,增加土壤水分并提高碳氮素吸收利用,进而提高作物产量,有利于农业生产的可持续性发展。黄明等(2009)研究表明,免耕和深松耕作均能够改善旗叶光合特性,提高小麦开花后干物质生产量及向籽粒的转运量。郑成岩等(2012)研究认为,深松较传统耕作降低了小麦生育后期的土壤含水率,促进了营养器官中储存的氮素向籽粒中的再分配。然而,以往关于保护性耕作方式下冬小麦碳氮素吸收利用的研究多是短期效应,多年保护性耕作对小麦碳氮素吸收利用的持续作用效果仍不清楚,尤其是长期免耕和深松耕作是否能够持续促进冬小麦植株氮素积累和转运有待进一步研究。本书利用长期定位耕作试验,探讨保护性耕作对冬小麦植株关键生育期碳氮比、氮素积累量、转运量及氮素利用效率的影响,旨在优化耕作管理,提高氮素利用效率,为保护性耕作措施推广提供科学依据。

6.1　冬小麦各生育期植株碳氮比变化特征

　　从冬小麦苗期到成熟期,4 种耕作处理冬小麦植株碳氮比呈逐渐增加的趋势,个别耕作处理冬小麦植株碳氮比差异显著(见图 6-1)。传统耕作、免耕和深松耕作和双季秸秆还田处理冬小麦植株碳氮比在苗期分别为 9.9、9.7、19.9 和 12.2,在成熟期分别为 54.9、58.3、58.9 和 47.9。这说明随着冬小麦生长发育,氮代谢能力逐渐减弱。深松耕作在冬小苗期碳氮比显著高于其他耕作处理,说明该处理下冬小麦在苗期氮代谢能力弱,吸收氮素不好,进而说明深松耕作冬小麦苗期阶段长势不好。深松耕作在冬小麦成熟期碳氮比显著高于传统耕作和双季秸秆还田($P<0.05$),这说明深松耕作在成熟期能够较传统耕作更早进入冬小麦完熟阶段。

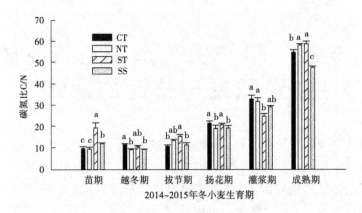

图 6-1　不同耕作处理冬小麦各生育期碳氮比变化

6.2　冬小麦关键生育期各器官碳氮比变化特征

从扬花期至成熟期,冬小麦茎的碳氮比大幅增加,叶的碳氮比逐渐增加而穗的碳氮比除个别处理基本保持不变外,略有增加,这充分说明冬小麦扬花期后,茎提供大量的氮素到穗,其次是叶,而穗的碳氮比未明显降低,说明碳素和氮素从茎和叶同时转运到了穗。不同年份同一生育期相比,2014~2015 年冬小麦茎、叶、穗碳氮比明显低于 2015~2016 年碳氮比,不同耕作同一生育期个别处理差异显著(见表 6-1)。

表 6-1　不同耕作处理冬小麦各器官碳氮比

年份	处理	扬花期			灌浆期			成熟期		
		茎	叶	穗	茎	叶	穗	茎	叶	穗
2014~2015	CT	29.0a	13.1a	23.3a	61.5a	15.6a	22.0a	105.3b	37.6ab	22.0b
	NT	29.6a	11.0b	17.3c	54.4b	15.3a	21.1a	101.7b	35.1b	21.5b
	ST	30.0a	13.7a	19.5b	37.4c	13.9b	23.9a	114.3a	39.2a	23.2a
	SS	26.5b	12.2ab	19.9b	53.3b	14.4ab	20.4a	95.2c	27.6c	20.8c
2015~2016	CT	35.4ab	20.9a	20.1a	83.8a	47.1a	26.4b	80.3c	58.0ab	29.1b
	NT	32.2b	22.5a	18.2c	59.4c	15.3d	21.1c	104.2a	44.1b	29.4b
	ST	30.0b	20.9a	19.5b	65.5b	29.5c	29.4a	106.1a	61.6a	31.8ab
	SS	38.0a	12.2b	18.5c	66.6b	34.3b	26.3b	98.2b	27.6c	22.6c

注:同列不同小写字母代表显著性 $P<0.05$。

6.3　保护性耕作冬小麦不同生育期氮素积累特征

从冬小麦整个生育期来看,氮素积累量呈先增加后降低的趋势,在拔节期达到最大值(见表 6-2)。2014~2015 年冬小麦关键生育期植株氮素积累量明显高于 2015~2016 年同生育期氮素积累量,这是由于 2015~2016 年冬小麦季降水量偏低造成的。2014~2015年,免耕处理在苗期、拔节期、扬花期和成熟期的氮素积累量较传统耕作处理显著提高($P<0.05$),且在拔节期达到最高值 794.5 kg/hm²,这是由于一方面冬小麦在拔节期分蘖株数最多,另一方面免耕处理较其他耕作处理土壤含水率较高,致使冬小麦植株生物量最高,进而使其氮素积累量达到最大值。连续 2 年免耕在拔节期、扬花期、灌浆期和成熟期的氮素积累量较传统耕作分别提高 14.0%、48.2%、75.1%和 11.7%。

表 6-2　不同耕作处理冬小麦关键生育期氮素积累量

年份	处理	苗期	越冬期	拔节期	扬花期	灌浆期	成熟期
2014~2015	CT	26.2b	244.7c	660.2b	327.8d	377.6b	357.6d
	NT	54.0a	346.8b	794.5a	604.8b	314.5c	650.7b
	ST	27.7b	511.9a	650.4b	528.4c	301.7c	565.0c
	SS	57.3a	399.5b	776.4a	728.1a	485.2a	637.0a
2015~2016	CT	30.2c	149.1b	660.5c	214.1b	229.0c	296.5c
	NT	50.7b	158.2b	682.2a	317.5a	400.9a	361.1a
	ST	52.1b	253.9a	673.6b	182.7c	334.3b	288.4c
	SS	60.6a	162.9b	430.9d	315.3a	219.4c	376.2a

注:同列不同小写字母代表显著性 $P<0.05$。

6.4　不同耕作处理冬小麦植株氮素在茎、叶、穗中的分配

从冬小麦扬花期、灌浆期到成熟期,4 种耕作处理氮素在茎和叶中的分配比例逐渐减小,在穗中的分配比例逐渐增大。其中,扬花期氮素分配比例为:茎>叶>穗,成熟期氮素分配比例为:籽粒(穗)>茎>叶(见表 6-3)。扬花期,连续 2 年免耕处理较传统耕作处理茎、叶和穗的平均氮素积累量分别提高 44.3%、80.5%、70.9%。这是由于冬小麦拔节—扬花期免耕处理土壤水分显著高于传统耕作,促进小麦营养器官生长,增加了茎和叶的生物量,进而导致其氮素积累量增加。与传统耕作处理相比,深松耕作在 2015 年冬小麦扬花期显著提高茎、叶和穗的氮素积累量,而在 2016 年降低了茎、叶和穗的氮素积累量,这是由于 2015 年冬小麦扬花期土壤水率显著高于 2016 年同生育期土壤含水率。成熟期,2 年免耕、深松耕作和双季秸秆还田处理分别降低了茎的平均氮素积累量,而显著提高了穗和籽粒的氮素积累量($P<0.05$),说明氮素由茎叶转运到穗和籽粒。其中关于籽粒中的氮素积累量,2 年免耕、深松耕作和双季秸秆还田处理较传统耕作分别提高了 43.1%、32.4%和 45.9%。

表 6-3　耕作方式对小麦各器官氮素积累与分配的影响

年份	生育期	处理	茎		叶		穗		籽粒	
			N 积累量 (kg/hm²)	分配比例 (%)	N 积累量 (kg/hm²)	分配比例 (%)	N 积累量 (kg/hm²)	分配比例 (%)	N 积累量 (kg/hm²)	分配比例 (%)
2014~2015	扬花期	CT	215.9b	50.7	163.2d	38.2	48.5b	11.3		
		NT	238.2a	42.2	231.8b	41.1	94.8ab	16.8		
		ST	214.1b	40.5	212.6c	40.2	101.7a	19.3		
		SS	236.9a	37.7	284.0a	45.2	107.3a	17.1		
	灌浆期	CT	126.7a	33.6	80.1b	21.2	170.8b	45.2		
		NT	69.9c	22.2	76.0b	24.2	168.7b	53.6		
		ST	99.6b	33.0	56.1c	18.6	146.0c	48.4		
		SS	106.8b	22.0	131.1a	27.0	247.4a	51.0		
	成熟期	CT	65.2a	12.5	73.7a	14.1	384.7c	73.5	356.1d	68.0
		NT	59.1ab	9.8	68.8b	11.4	474.9b	78.8	429.4b	71.2
		ST	46.7c	8.3	38.0c	6.7	480.3b	85.0	398.5c	70.5
		SS	52.9b	8.3	69.7b	10.9	514.4a	80.7	459.9a	72.2
2015~2016	扬花期	CT	110.6c	51.7	57.8c	27.0	45.7c	21.3		
		NT	150.4a	50.1	80.3b	27.0	66.8a	22.5		
		ST	85.9d	47.0	56.0c	30.6	40.8c	22.3		
		SS	135.6b	43.0	124.8a	39.6	54.9b	17.4		
	灌浆期	CT	69.4c	30.3	25.0d	10.9	134.6c	58.8		
		NT	106.1a	27.3	76.9a	19.8	205.0a	53.6		
		ST	94.2b	28.2	43.7b	13.1	196.4b	58.8		
		SS	56.4d	25.7	36.4c	16.6	126.6d	57.7		
	成熟期	CT	54.0a	17.9	27.8c	9.2	220.7c	73.0	211.6c	69.9
		NT	43.9b	14.6	35.6b	11.8	231.6b	76.9	226.3b	75.2
		ST	35.0c	12.1	16.9d	13.0	236.6b	82.0	223.9b	77.6
		SS	55.3a	11.6	57.5a	12.0	363.5a	76.3	244.0a	51.2

注:同列不同小写字母代表显著性 $P<0.05$。

　　由表 6-4 可知,连续 2 年免耕处理显著提高冬小麦植株营养器官氮素转移量、转移率和对籽粒的贡献率($P<0.05$),而深松耕作在降水量较少年份(2015~2016 年)未明显提高冬小麦植株营养器官氮素转移量及对籽粒的贡献率。其中,2014~2015 年免耕处理较传统耕作处理分别提高营养器官氮素转运量、转移率和对籽粒的贡献率 42.5%、14.8% 和 18.1%;深松耕作分别提高 42.4%、26.4% 和 27.1%;双季秸秆还田处理分别提高 65.8%、20.7% 和 28.3%。然而,2016 年免耕较传统耕作显著提高营养器官氮素转运量、转移率和对籽粒贡献率($P<0.05$);而深松耕作与传统耕作处理无显著性差异,这可能是由于 2016 年冬小麦拔节期深松耕作 0~40 cm 土壤含水率较低,抑制冬小麦植株氮素积累,不利于小麦植株氮素转运,最终致使深松耕作处理下冬小麦植株氮素转运量及转运率偏低;双季秸秆还田处理仅显著提高营养器官氮素转运量,而未显著提高营养器官氮素转运率和营养器官对籽粒贡献率。综上,深松耕作和双季秸秆处理并不能持续促进氮素向籽粒中的转运和吸收,就小麦植株氮素转运持续性效果来看,免耕优于深松耕作和双季秸秆还田。

表 6-4　不同耕作方式冬小麦营养器官氮素转运量、转运率和对籽粒的贡献率

年份	处理	营养器官氮素转运量 (kg/hm^2)	营养器官氮素转运率 (%)	营养器官对籽粒贡献率 (%)
2014~2015	CT	240.3±3.08c	63.4±1.10c	67.5±1.20c
	NT	342.2±5.83b	72.8±1.14b	79.7±1.19b
	ST	341.9±4.87b	80.2±1.14a	85.8±1.22a
	SS	398.3±4.96a	76.5±1.20ab	86.6±1.18a
2015~2016	CT	86.7±2.06c	51.5±1.22c	40.8±0.85b
	NT	160.9±3.81a	69.8±1.52a	71.2±1.33a
	ST	89.9±1.47c	63.4±1.04b	40.4±0.56b
	SS	147.6±2.96b	56.7±1.20c	42.9±1.08b

注:同列不同小写字母代表显著性 $P<0.05$。

6.5　讨　论

6.5.1　不同耕作措施对冬小麦植株碳氮比的影响

　　碳氮代谢是冬小麦体内最基本的代谢活动,碳素主要以碳水化合物的形式存在于冬小麦植株内。碳素是小麦生长的基础,而氮素对冬小麦生长及作物产量起着重要作用。碳氮比是综合反映植株碳氮营养状况的指标之一。冬小麦籽粒中的碳一部分来自茎叶中的碳转移,另一部分来自籽粒同化的光合产物。而籽粒中的氮素大部分来自营养器官的转运。以往研究多集中于不同器官总糖含量的积累与转运及酶活性,而对保护性耕作措

施下碳氮比的研究较少。本研究从冬小麦苗期到成熟期,4 种耕作处理冬小麦植株碳氮比呈逐渐增加的趋势,说明随着冬小麦生长发育,氮代谢能力逐渐减弱。从扬花期至成熟期,冬小麦茎和叶的碳氮比大幅增加,而穗的碳氮比基本保持不变,这充分说明冬小麦扬花期后,茎提供大量的氮素到穗,其次是叶,而穗的碳氮比未明显降低,说明碳素和氮素从茎和叶同时转运到了穗。

6.5.2　冬小麦植株氮素积累与分配特征

在小麦生长发育过程中,氮素以光合同化物的形式积累,且氮素的积累转运量与营养物质积累转运量密切相关。Zhu et al.(2005)研究表明,随着冬小麦生育进程的推进,冬小麦植株氮素积累量不断增加,至成熟期达峰值。但 Schenk(1996)和 Hou et al.(2001)研究均认为作物成熟期比开花期氮素积累量有所下降。本研究发现,冬小麦植株氮素积累量至拔节期达到峰值,在成熟期氮素积累量有所下降。这主要是由于拔节期冬小麦分蘖株数在整个生育期达到最大值,致使生物量较大,且冬小麦生长最快,氮吸收较好,进而影响氮素积累量。冬小麦扬花期至成熟期是冬小麦氮素吸收、转运和分配的关键时期,扬花后营养器官氮素的转运对籽粒氮素积累贡献较大。本研究中扬花前营养器官对籽粒贡献率高达 66.49%～85.80%,这与前人的研究结果一致(Palta et al.,1994)。这说明冬小麦扬花前氮素的转运量对籽粒的累积作用远高于扬花后吸收的氮素。

6.5.3　土壤水分对冬小麦植株氮素积累与转运的影响

土壤水分状况是影响冬小麦氮素吸收、积累及转运的重要因素之一。水分亏缺能够显著降低小麦的氮素吸收量、氮素利用效率和籽粒产量。本研究结果表明,干旱年份(2015～2016 年)冬小麦各生育期的植株氮素积累量显著低于 2014～2015 年冬小麦同生育期的氮素积累量。

张永丽和于振文(2008)研究认为,小麦开花后土壤含水量过高会使其营养器官氮素向籽粒的转移量和转移率降低。刘恩科等(2010)研究表明,在灌浆后期轻度干旱有利于营养器官的氮素向籽粒中转运,且拔节—开花期干旱对小麦氮素的吸收和转运影响最大,而灌浆后期干旱的影响较小。郑成岩等(2012)指出,深松耕作促进了小麦生育中后期对表层土壤水分的消耗,降低了小麦生育后期的土壤含水量,促进了营养器官中储存的氮素向籽粒中的再分配。本研究发现,深松耕作在降水量较大的年份(2014～2015 年)能够有效提高冬小麦生长前期土壤表层含水量,促进冬小麦营养器官氮素积累量,降低扬花后期土壤含水量,促进营养器官中储存的氮素向籽粒转运,且深松>免耕>传统耕作。但对于较干旱的年份,连续深松耕作降低了冬小麦拔节期土壤表层含水量,抑制小麦植株氮素积累,进而影响后期小麦茎和叶中氮素向籽粒的转运。而免耕和双季秸秆还田处理在干旱少雨的年份蓄水保墒优于深松耕作处理,提高了冬小麦生长前期土壤含水量,促进了冬小麦植株氮素积累,进而提高了冬小麦营养器官氮素转运量、转运率和对籽粒的贡献率,且在提高冬小麦营养器官氮素转运率及对籽粒贡献率方面,免耕优于双季秸秆处理。综上,深松耕作并不能持续促进冬小麦植株氮素积累与转运,对于干旱少雨年份,免耕和双季秸秆处理优于深松耕作。

6.6　小　结

（1）不同耕作方式下冬小麦植株碳氮比随生育进程呈现逐渐增加的趋势，说明随着冬小麦生长发育，氮代谢能力逐渐减弱；从扬花期至成熟期，冬小麦茎的碳氮比大幅增加，叶的碳氮比逐渐增加，而穗的碳氮比未明显下降，说明茎比叶提供大量的碳和氮素到穗。

（2）从冬小麦整个生育期来看，氮素积累量呈先增加后降低的趋势，在拔节期达到最大值。从冬小麦扬花期、灌浆期到成熟期，4 种耕作方式氮素在茎和叶中的分配比例逐渐减小，在穗中的分配比例逐渐增大。与传统耕作相比，连续 2 年免耕在扬花期分别提高茎、叶和穗的平均氮素积累量 44.3%、80.5%、70.9%，在成熟期降低了茎的平均氮素积累量 14.1%，而显著增加了穗和籽粒的平均氮素积累量。

（3）与传统耕作相比，免耕和双季秸秆还田处理显著提高营养器官氮素转移量、转移率和对籽粒的贡献率（$P<0.05$）。深松耕作处理并不能持续促进氮素向籽粒中的转运和吸收，就小麦植株氮素转运持续性效果来看，免耕>双季秸秆还田>深松耕作。

第7章　耕作保墒措施对作物
生理特征的影响

不同耕作与保墒措施均能对作物生理指标产生相应的影响,从而改善作物干旱胁迫的环境,提高作物的光合作用,促进作物正常生长以及作物产量和水分利用效率的提高。张云兰等(2010)研究表明,秸秆覆盖和秸秆覆盖+腐熟剂均能提高小麦生育后期叶面积指数,净光合速率比传统耕作分别提高 2.90% 和 5.74%。王维等(2013)研究结果显示,深松、免耕及二者轮耕能够通过提高播前底墒,显著提高旱地小麦花后的光合能力和叶绿素荧光特性,从而提高了小麦的产量和水分利用效率。而李友军等(2006)研究表明,灌浆中期免耕覆盖和深松覆盖净光合速率略低于传统耕作,但其最终的小麦产量和水分利用效率高于传统耕作。很多研究表明,耕作保墒措施有利于改善作物的生理特征,促进干物质积累。

7.1　耕作保墒措施对小麦生理特征的影响

研究区概况与研究处理与 2.3 节同。

7.1.1　测定项目与方法

光合参数采用美国 Li-Cor 公司生产的 Li-6400 光合仪测定。在拔节期、孕穗期、扬花期和灌浆期选择晴朗无风的天气于 09:30～11:00 进行光合参数的测定。选择红蓝光源叶室,设定光量子密度(PAR)为 1 000 $\mu mol/(\mu m^2 \cdot s)$,样本室内气流速率(Flow)为 500 $\mu mol/s$,叶室温度为 20 ℃。

测定叶片部位:拔节期为小麦顶端第 1 片全展叶,孕穗期、扬花期和灌浆期为旗叶。

测定参数:净光合速率 $P_n[\mu mol(CO_2)/(m^2 \cdot s)]$、气孔导度 $G_s[mmol/(m^2 \cdot s)]$、蒸腾速率 $Tr[mmol(H_2O)/(m^2 \cdot s)]$、胞间 CO_2 浓度 $C_i[mmol(CO_2)/mol]$。

叶片水分利用效率 $WUE[\mu mol(CO_2)/mmol(H_2O)]$ 计算公式:

$$WUE = P_n/Tr \tag{7-1}$$

7.1.2　不同耕作、保墒措施对褐土小麦不同生育时期的光合生理特征的影响

7.1.2.1　对光合速率的影响

从表 7-1 中可知,各生育时期小麦叶片的光合速率表现为:孕穗期>拔节期>扬花期>灌浆期。拔节期,深松处理的光合速率显著高于其他处理,对照最低,但与其他处理的光合速率差异不显著。孕穗期,各处理中有机肥和深松处理的光合速率显著高于其他处理,其次为秸秆覆盖和免耕处理,对照最低。而到扬花期,仍以深松处理最高,其次为秸秆覆盖和免耕处理,有机肥和保水剂处理次之,对照最低。到灌浆期,对照仍最低,而免耕和深

松处理显著高于其他处理,有机肥、秸秆覆盖和保水剂处理次之。综上,耕作、保墒各处理有利于提高小麦的光合速率,且不同生育阶段均以深松处理的效果最佳,而免耕处理在小麦生育后期效果更为明显。

表7-1 不同耕作、保墒措施对小麦各生育时期光合速率的影响

[单位:$\mu mol(CO_2)/(m^2 \cdot s)$]

处理	拔节期	孕穗期	扬花期	灌浆期
对照	11.60±1.39b	13.48±1.22d	8.01±0.87e	2.06±0.22c
深松	14.04±1.11a	15.03±1.20a	9.67±0.99a	4.97±0.11a
秸秆覆盖	12.28±1.16b	14.63±1.31b	9.28±0.84b	4.38±0.14b
免耕	12.04±1.23b	14.77±1.44b	9.21±1.02b	4.96±0.09a
有机肥	12.10±1.50b	15.09±2.01a	8.53±1.13c	4.44±0.21b
保水剂	12.10±0.97b	14.11±1.65c	8.17±1.32d	4.38±0.34b

注:同列不同小写字母代表显著性 $P<0.05$,下同。

7.1.2.2 对蒸腾速率的影响

从表7-2可知,各生育期小麦叶片的蒸腾速率表现为:扬花期>灌浆期>拔节期>孕穗期。在拔节期,以有机肥处理的蒸腾速率最高,其次为免耕、保水剂、深松和对照处理,秸秆覆盖处理最低。到孕穗期和扬花期,仍以有机肥处理最高,其次为免耕处理,秸秆覆盖、保水剂和深松处理居中,对照最低。到灌浆期,以秸秆覆盖处理最高,其次为保水剂、有机肥、免耕和深松处理,对照最低。综上,在小麦扬花期前,有机肥处理的蒸腾速率均最高,而到灌浆期,以免耕处理的蒸腾速率较高,且除拔节期秸秆覆盖处理外,对照的蒸腾速率在不同生育期均最低。

表7-2 不同耕作、保墒措施对小麦各生育时期蒸腾速率的影响

[单位:$mmol(H_2O)/(m^2 \cdot s)$]

处理	拔节期	孕穗期	扬花期	灌浆期
对照	3.36±0.29d	2.82±0.11d	6.26±0.42c	2.81±0.08e
深松	3.55±0.35c	2.88±0.11d	6.32±0.51c	3.52±0.20d
秸秆覆盖	3.21±0.21e	2.98±0.09c	6.32±0.42c	4.75±0.31a
免耕	3.67±0.12b	3.15±0.13b	6.44±0.33b	4.37±0.35c
有机肥	3.75±0.15a	3.25±0.24a	6.57±0.35a	4.59±0.22b
保水剂	3.56±0.22c	3.04±0.04c	6.28±0.44c	4.64±0.28b

7.1.2.3 对气孔导度的影响

从表7-3可知,各生育时期小麦叶片气孔导度表现为:扬花期>灌浆期>孕穗期>拔节期。拔节期以有机肥处理的气孔导度最大,其次为深松、免耕、保水剂、对照处理,秸秆覆

盖处理最小。孕穗期仍以有机肥处理的气孔导度最大,其次为免耕、秸秆覆盖、保水剂和深松,对照气孔导度最小。扬花期各处理的气孔导度均显著增大,其中,以免耕处理最大,对照最小,其他处理居中。灌浆期仍以免耕处理最大,其次为保水剂、秸秆覆盖、有机肥和深松,对照最低。综上,在小麦不同生育时期,不同耕作保墒措施对小麦叶片气孔导度的影响程度不同。在小麦扬花期前,有机肥处理对于叶片气孔导度的提高作用最为显著,而到小麦扬花期后,免耕处理促进了气孔导度的提高。

表 7-3　不同耕作、保墒措施对小麦各生育时期气孔导度的影响

[单位:mol(H_2O)/($m^2 \cdot s$)]

处理	拔节期	孕穗期	扬花期	灌浆期
对照	0.393±0.012d	0.471±0.010e	1.875±0.101e	0.331±0.021e
深松	0.455±0.010b	0.498±0.014d	2.108±0.212d	0.471±0.016d
秸秆覆盖	0.350±0.005e	0.517±0.017c	2.095±0.303d	0.620±0.032c
免耕	0.435±0.009c	0.541±0.006b	2.880±0.210a	0.738±0.011a
有机肥	0.478±0.008a	0.560±0.015a	2.122±0.235c	0.618±0.015c
保水剂	0.428±0.013c	0.515±0.012c	2.163±0.086b	0.632±0.022b

7.1.2.4　对胞间 CO_2 浓度的影响

从表 7-4 可知,不同生育时期的胞间 CO_2 浓度表现为:灌浆期>扬花期>拔节期>孕穗期。在拔节期,除秸秆覆盖处理的胞间 CO_2 浓度最低外,其他处理间差异不显著。孕穗期以深松处理的胞间 CO_2 浓度最低,其他处理间差异均不显著。扬花期仍以深松处理最低,但其与各处理间差异均不显著。灌浆期以对照的胞间 CO_2 浓度最高,保水剂处理最低,其他处理居中。说明不同耕作保墒处理对胞间 CO_2 浓度的影响较小。

表 7-4　不同耕作、保墒措施对小麦各生育时期胞间 CO_2 浓度的影响

(单位:$\mu mol/mol$)

处理	拔节期	孕穗期	扬花期	灌浆期
对照	303.0±20.1a	283.1±25.6ab	319.5±22.4a	352.5±23.2a
深松	297.9±31.3a	279.3±33.1b	317.5±27.6a	343.0±32.5b
秸秆覆盖	290.7±23.4b	284.1±24.5ab	321.5±25.3a	340.3±25.2b
免耕	304.2±45.2a	287.7±40.8a	322.5±24.2a	343.0±32.6b
有机肥	305.2±33.6a	287.3±32.3a	320.5±23.6a	341.0±23.5b
保水剂	303.0±22.0a	288.4±23.5a	323.5±26.8a	338.5±30.3c

7.1.2.5　不同耕作、保墒措施对小麦不同生育时期叶片水分利用效率的影响

从表 7-5 可知,各生育时期叶片水分利用效率表现为:孕穗期>拔节期>扬花期>灌浆期。拔节期和孕穗期以深松处理的水分利用效率最高,其次为秸秆覆盖处理,其他处理均低于对照,且以有机肥处理的叶片水分利用效率最低。扬花期仍以深松处理最高,其次为秸秆覆盖和免耕处理,有机肥、保水剂和对照处理最低。灌浆期仍以深松处理的水分利用效率最高,其次为免耕、保水剂、有机肥和秸秆覆盖处理,对照仍最低。综上,深松处理在小麦各生育时期的水分利用效率均最高,其次为秸秆覆盖处理(灌浆期除外)。说明深松有利于提高小麦的叶片水分利用效率,从而促进水分利用潜力的提高。

表 7-5　不同耕作、保墒措施处理下小麦不同生育时期水分利用效率

$$[\text{单位}:\mu mol(CO_2)/mmol(H_2O)]$$

处理	拔节期	孕穗期	扬花期	灌浆期
对照	3.45±0.09c	4.78±0.33c	1.28±0.11c	0.73±0.01e
深松	3.95±0.13a	5.22±0.41a	1.53±0.12a	1.41±0.10a
秸秆覆盖	3.83±0.12b	4.91±0.35b	1.47±0.09b	0.92±0.03d
免耕	3.28±0.32d	4.69±0.32d	1.43±0.23b	1.14±0.07b
有机肥	3.23±0.10d	4.64±0.44d	1.30±0.08c	0.97±0.03c
保水剂	3.40±0.23c	4.65±0.09d	1.30±0.10c	0.94±0.02c

7.2　不同耕作与土壤结构改善措施对潮土小麦、玉米光合生理特征的影响

本研究区概况与处理设置与 2.2 节同。

7.2.1　对小麦季的影响

从图 7-1 中可知,不同生育期的光合速率表现为:抽穗期>灌浆期>拔节期。不同措施的小麦光合速率明显高于普通耕作。在拔节期,以秸秆覆盖处理的光合速率最高;在抽穗期,以地膜覆盖处理的光合速率较高,其次为秸秆覆盖处理,其他处理居中;到灌浆期,仍以秸秆覆盖处理的光合速率最高,保水剂处理次之,有机肥处理与地膜覆盖处理居中。而对蒸腾速率而言,在小麦拔节期,各处理的蒸腾速率差异较小。在抽穗期,以有机肥处理和地膜覆盖处理的蒸腾速率较低,而以普通耕作处理明显高于其他处理。而到灌浆期,仍以普通耕作处理的蒸腾速率较高,以保水剂处理最低。

从图 7-2 中可知,在小麦拔节期,秸秆覆盖处理的叶片水分利用效率明显高于其他处理;在抽穗期,有机肥处理较其他处理高,地膜覆盖处理次之。到灌浆期,保水剂处理>秸秆覆盖处理>有机肥处理>地膜覆盖处理>普通耕作处理。说明在小麦生育后期,保水剂处理更利于降低叶片蒸腾,提高叶片的水分利用效率。

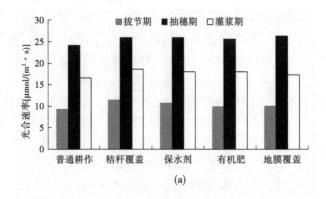

(a)

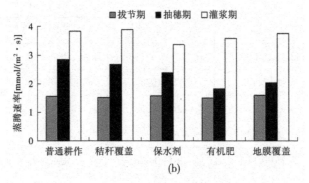

(b)

图 7-1　不同措施下小麦光合速率和蒸腾速率分析

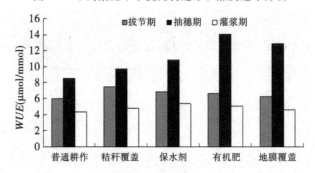

图 7-2　不同措施下小麦叶片水分利用效率分析

7.2.2　对玉米季的影响

从图 7-3 中可知,在小喇叭口期,秸秆覆盖处理的光合速率最高,有机肥处理次之,再者为保水剂处理,而普通耕作处理大于地膜覆盖处理。在大喇叭口期,保水剂处理>秸秆覆盖处理>地膜覆盖处理>有机肥处理>普通耕作处理。到灌浆期,地膜覆盖处理>秸秆覆盖处理>保水剂处理>有机肥处理>普通耕作处理。对蒸腾速率而言,在小喇叭口期,除秸秆覆盖处理的蒸腾速率最高外,其他处理均低于普通耕作处理。在大喇叭口期,以地膜覆盖处理最高,保水剂处理、普通耕作处理和有机肥处理次之,秸秆覆盖处理最低。而到灌浆期,保水剂处理>地膜覆盖处理>有机肥处理>秸秆覆盖处理>普通耕作处理。

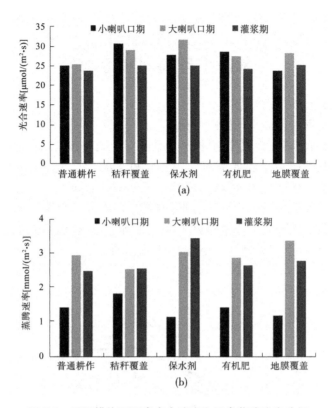

图 7-3　不同措施下玉米光合速率和玉米蒸腾速率分析

　　从图 7-4 中可知,随玉米生育期的推进,其叶片水分利用效率基本呈下降趋势。在小喇叭口期,保水剂处理>地膜覆盖处理>有机肥处理>普通耕作处理>秸秆覆盖处理。在大喇叭口期,以秸秆覆盖处理最高,而地膜覆盖处理最低。而到灌浆期,仍以秸秆覆盖处理的水分利用效率最高,其次为普通耕作处理、有机肥处理及地膜覆盖处理,保水剂处理最低。

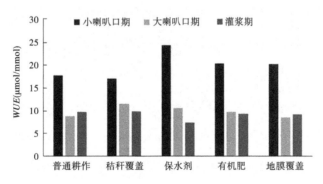

图 7-4　不同措施下玉米叶片水分利用效率分析

7.3　不同耕作与覆盖措施对潮土小麦、玉米光合生理特征的影响

本研究区概况与处理设置与 2.3 节同。

小麦的光合生理特征对不同措施的响应存在一定差异(见图 7-5)。抽穗期的光合速率和蒸腾速率均最大,其次为灌浆期,拔节期最低。常规耕作的光合速率和蒸腾速率均低于其他处理。在拔节期和抽穗期,秸秆还田处理和保水剂处理的光合速率与蒸腾速率均较其他处理高。有机肥处理的蒸腾速率随生育期的推进而增大,在灌浆期,其光合速率和蒸腾速率均高于其他处理。随小麦生育期的推进,其叶片水分利用效率均显著降低(见图 7-6)。在拔节期,以深松+秸秆覆盖处理的叶片水分利用效率显著高于其他处理。到抽穗期和灌浆期,秸秆还田处理和深松+秸秆覆盖处理的叶片水分利用效率较高。

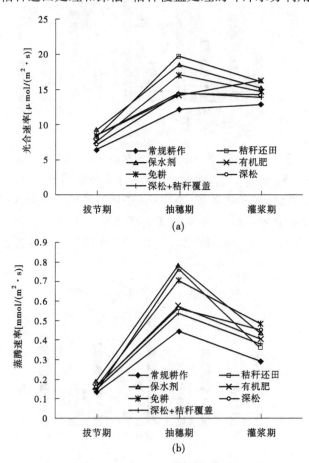

图 7-5　不同土壤改良措施小麦不同生育期光合速率和蒸腾速率分析

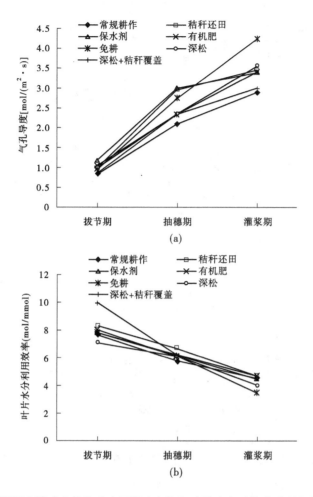

图 7-6 不同土壤改良措施小麦不同生育期气孔导度和叶片水分利用效率分析

随玉米生育期的推进,其光合速率显著降低,蒸腾速率除秸秆还田处理和深松+秸秆覆盖处理在抽雄期显著提高外,其他处理均降低(见图 7-7)。保水剂和深松处理能够提高玉米的光合速率而减少其蒸腾速率,从而利用水分利用潜力的提高。随玉米生育期的推进,其叶片水分利用效率表现为先增加再降低的趋势(见图 7-8)。在小喇叭口期,有机肥处理的叶片水分利用效率最高,其次为秸秆还田处理。在抽雄期,深松处理最高,其次为秸秆还田处理。到灌浆期,保水剂处理的叶片水分利用效率最高,其次为有机肥处理。

从图 7-9(a)中可知,随生育期的推进,小麦光合速率表现为先增后降的趋势。在拔节期、孕穗期和抽穗期,均以深松处理的光合速率较高,而到灌浆期,保水剂处理的光合速率明显高于其他处理。而小麦叶片水分利用效率随生育期的推进表现为逐渐增加的趋势[见图 7-9(b)],且到灌浆期,各处理之间差别较大。在抽穗期前,免耕处理较其他处理高。而抽穗期后以保水剂处理明显高于其他处理,常规耕作最低。

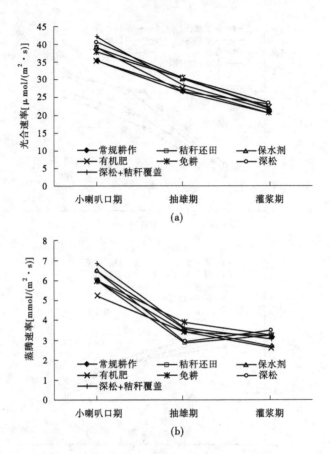

图 7-7　不同土壤改良措施玉米不同生育期光合速率和蒸腾速率分析

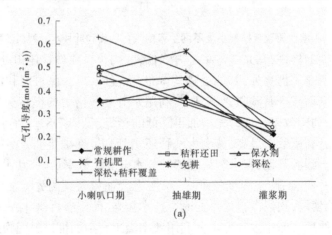

图 7-8　不同土壤改良措施玉米不同生育期气孔导度和叶片水分利用效率分析

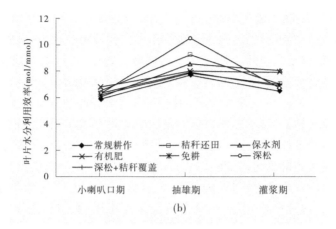

(b)

续图 7-8

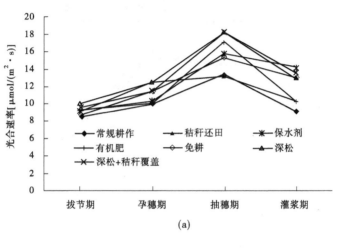

(a)

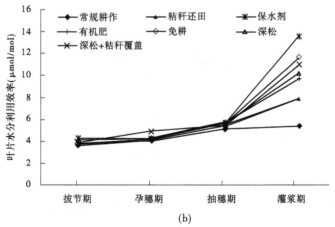

(b)

图 7-9　不同措施下小麦不同生育期光合速率和叶片水分利用效率分析

　　从图 7-10 中可知,随小麦生育期的推进,其生物量增加。在分蘖期和孕穗期,免耕处理的干物质量较高。在抽穗期,以保水剂处理最高。在抽穗期以后,深松处理的干物质明显高于其他处理,其次为免耕处理、深松+秸秆覆盖处理、有机肥处理、秸秆还田处理及保水剂处理。常规耕作处理的干物质量在小麦全生育期均最低。

　　从图 7-10(a)中可知,随玉米生育期的推进,其光合速率表现为先增再降的趋势。在大喇叭口期和灌浆初期,均以深松+秸秆覆盖处理的光合速率最高,而到灌浆后期,保水剂和秸秆覆盖处理降低幅度小于其他处理而表现为最高。随玉米生育期的推进,其叶片水分利用效率表现为先降低再增加的趋势[见图 7-10(b)]。常规耕作处理在玉米不同生育期均最低。在大喇叭口期,免耕处理最高,其次为深松处理。在灌浆初期,有机肥和秸秆还田处理最高,其次为深松+秸秆覆盖处理。到灌浆后期,秸秆还田处理最高,其次为深松处理。

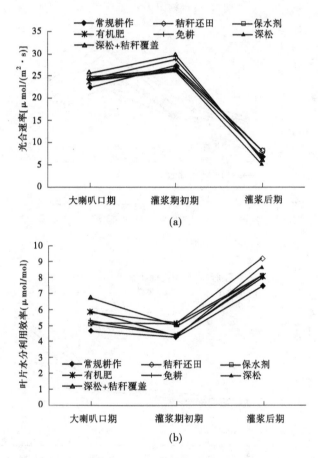

图 7-10　不同措施下玉米不同生育期光合速率和叶片水分利用效率分析

第 8 章　耕作保墒措施对作物生长及水分利用的影响

　　水分胁迫是限制旱地农业生产力提高的严重问题。秸秆覆盖作为一种重要的保墒技术,可以增加土壤有机质,增强土壤蓄水能力,改善土壤结构,提高上层至下层土壤的含水率。同时,地表覆盖物可以调节土壤温度,控制水分蒸发,减少水分损失,提高土壤水分利用率。而少耕和免耕有利于提高土体内含水量和接纳降水的能力,提高作物产量和水分利用效率。深耕可以打破犁底层,加厚土壤耕作层,降低土壤容重,增加土壤孔隙度,提高土壤的蓄水能力,促进作物根系下扎,增加对土壤深层水的利用量。有研究表明,免耕+深松+免耕和深松+免耕+深松处理较连年翻耕显著提高了 $0 \sim 200$ cm 土层土壤蓄水量,且在降水较少的年份效果更佳。而施用有机肥可以培肥地力,增强土壤的蓄水、保水能力,促进作物节水保墒,提高作物光合速率,增加作物产量,提高水分利用效率。施用保水剂可以调节土壤水、热、气状况,提高土壤肥力和保持水土,有效降低土壤蒸发,改善作物生理功能,从而减少干旱胁迫对作物造成的伤害,促进作物不同生育时期的生物量、产量和水分利用率。

8.1　不同耕作、保墒措施对作物生长的影响

　　本研究区概况与研究处理同 2.1 节和 2.2 节。

8.1.1　不同耕作、保墒措施对作物产量及水分生产效率的影响

　　由表 8-1 可知(研究处理同 2.1 节),不同耕作、保墒处理均提高了小麦成穗数、穗粒数和千粒重。各处理中,以深松和秸秆覆盖处理的穗数较对照增加最为显著,对照穗数最低。小麦穗粒数以深松处理最高,其次为免耕和有机肥处理,秸秆覆盖和保水剂处理居中,对照最低。而千粒重以深松和保水剂处理较高,其次为秸秆覆盖、免耕和有机肥,对照最低。同时,不同耕作、保墒措施降低了小麦全生育期的耗水量,提高了小麦产量和水分生产效率。各处理中,以对照耗水量最大,其次为保水剂和有机肥处理,深松、秸秆覆盖和免耕处理较低。而小麦产量表现为:深松>免耕>秸秆覆盖>有机肥>保水剂>对照。水分生产效率以深松、秸秆覆盖及免耕处理较高,分别较对照提高 38.3%、34.2% 和 32.9%。

　　综上,不同耕作保墒措施处理的小麦产量构成因素得到改善,小麦产量和水分生产效率提高,各处理以深松处理的效果最佳。

表 8-1 不同耕作、保墒措施处理下小麦产量、产量构成因素及水分生产效率

处理	穗数 （穗/m²）	穗粒数	千粒重 （g）	产量 （kg/hm²）	总耗水 （mm）	水分生产效率 [kg/（mm·hm²）]
对照	472d	29.4d	34.2c	4 319.5f	334.2a	12.92c
深松	523a	36.3a	37.3a	5 168.1a	289.3d	17.87a
秸秆覆盖	514a	34.1c	36.6ab	4 986.1c	287.6d	17.34a
免耕	499b	35.6b	36.3b	5 006.9b	291.7d	17.17a
有机肥	488c	35.3b	36.2b	4 770.8d	301.4c	15.83b
保水剂	492bc	34.1c	37.1a	4 691.7e	308.3b	15.22b

注：同列不同小写字母代表显著性 $P<0.05$，下同。

8.1.2 不同措施对小麦不同生育期株高和叶面积的影响

从表 8-2 中可知（研究处理同 2.2 节），随小麦生育期的推进，小麦的株高逐渐增大，而叶面积表现为先增加后减小，抽穗期各处理叶面积最高。在拔节期以地膜覆盖处理株高最高，其次为有机肥处理，而叶面积仍以地膜覆盖最大，其次为有机肥处理。在抽穗期，以有机肥处理的株高最高，其次为地膜覆盖和保水剂处理。而叶面积以地膜覆盖最高。到灌浆期，各处理中以地膜覆盖处理和秸秆覆盖处理的株高明显高于其他处理。而叶面积则表现为以保水剂、秸秆覆盖和地膜覆盖处理明显高于其他处理，普通耕作处理最低。

表 8-2 不同措施下小麦不同生育期株高、叶面积分析

处理	拔节期		抽穗期		灌浆期	
	株高（cm）	叶面积（cm²）	株高（cm）	叶面积（cm²）	株高（cm）	叶面积（cm²）
普通耕作	24.6d	8.0c	70.0d	16.3c	80.8d	10.0c
秸秆覆盖	25.6c	8.2c	75.3c	15.0d	83.1a	14.6a
保水剂	26.3c	9.9b	76.5b	17.5b	82.7b	14.7a
有机肥	27.4b	10.7a	79.8a	12.5e	81.4c	12.2b
地膜覆盖	33.1a	13.2a	77.2b	22.3a	83.9a	14.1a

8.1.3 不同措施对小麦不同生育期生物量的影响

从表 8-3 中可知，与普通耕作相比，不同措施均提高了小麦不同生育期生物量，且抽穗期和灌浆期的茎、叶、穗等生物量均较高。分蘖期和返青期均以有机肥和地膜覆盖处理小麦生物量较其他处理高。越冬期以后均以地膜覆盖处理生物量最高。且在抽穗期和灌浆期均以地膜覆盖处理的茎、叶和穗的生物量最高，其次为有机肥处理。

表 8-3 不同措施下小麦不同生育期生物量分析

处理	分蘖期 (g/10 株)	越冬期 (g/10 株)	返青期 (g/10 株)	拔节期 (g/10 株)	抽穗期(g/5 株)			灌浆期(g/5 株)		
					茎	叶	穗	茎	叶	穗
普通耕作	0.5c	1.4d	3.1c	8.4c	15.4e	6.4bc	7.6c	7.3e	2.1c	6.5d
秸秆覆盖	0.6b	1.5c	3.1c	6.5d	16.7d	6.4bc	7.3c	12.5cd	2.7b	9.2c
保水剂	0.6b	2.0a	3.9b	13.4b	19.4c	6.6b	6.4d	11.8d	2.4b	9.1c
有机肥	0.8a	1.6b	4.2ab	8.6c	24.0b	6.1c	8.4b	13.7b	2.2bc	11.3b
地膜覆盖	0.7a	2.0a	4.5a	20.5a	37.1a	14.3a	14.6a	42.6a	8.7a	34.6a

8.1.4 不同措施对小麦成产要素及产量的影响

从表 8-4 中可知,不同措施提高了小麦的株高、穗长、小穗数、穗粒数和千粒重,减少了小麦的不孕穗。地膜覆盖较其他措施更利于小麦产量的提高,其较普通耕作增产 14.7%。而水分生产效率以秸秆覆盖处理最高,地膜覆盖等处理次之,普通耕作处理仍最低。

表 8-4 不同措施下小麦成产要素及产量分析

处理	株高 (cm)	穗长 (cm)	小穗数 (穗)	穗粒数 (粒)	不孕穗 (个)	千粒重 (g)	产量 (kg/hm²)	水分利用效率 [kg/(mm·hm²)]
普通耕作	81.3d	7.0d	18.1c	31.9c	4.6a	49.9c	8 109.1e	14.9c
秸秆覆盖	85.3b	8.0c	19.5b	38.0b	4.5a	51.7a	9 186.3b	17.1a
保水剂	82.1c	8.2bc	19.3b	38.6b	4.2a	51.0a	8 607.2c	15.5bc
有机肥	82.9c	8.4b	20.1ab	46.5a	2.4c	50.3b	8 577.4d	15.3bc
地膜覆盖	86.6a	8.6a	20.5a	47.9a	3.4b	51.1a	9 306.6a	15.8b

8.1.5 对玉米不同生育期株高、茎粗及叶面积的影响

从表 8-5 中可知,不同措施提高了玉米不同生育期的株高、茎粗及叶面积。地膜覆盖对于玉米中后期的叶片数的提高有显著作用。各处理中,在玉米大喇叭口期以后,秸秆覆盖处理更利于提高玉米茎粗和叶面积,其次为地膜覆盖处理。

表 8-5　不同措施下玉米株高、茎粗及叶面积分析

处理	小喇叭口期			大喇叭口期				灌浆期			
	株高 （cm）	叶片数 （片）	茎粗 （cm）	株高 （cm）	叶片数 （片）	茎粗 （cm）	叶面积 （cm²）	株高 （cm）	叶片数 （片）	茎粗 （cm）	叶面积 （cm²）
普通耕作	85.0d	8b	2.0a	211.0	13d	2.8b	530.6d	220.0b	14c	3.5b	552.9e
秸秆覆盖	98.3b	9a	2.4a	217.5	14c	3.4a	669.1a	228.8a	14c	4.4a	680.4a
保水剂	101.3a	8b	2.1a	210.0	15b	2.9b	629.6b	218.4b	15b	3.5b	630.6d
有机肥	93.0c	9a	2.1a	215.0	13d	2.7b	583.2c	219.5b	13d	3.3b	644.8c
地膜覆盖	99.0b	9a	2.0a	222.5	16a	2.9b	634.0b	228.7a	16a	3.6b	675.8b

8.1.6　对玉米成产要素及产量的影响

从表 8-6 中可知，不同措施提高了玉米的株高、穗位、行数、行粒数、穗粗、有效穗长及产量。各处理中，以秸秆覆盖和地膜覆盖处理增产效果较其他处理更显著，其次为有机肥和保水剂处理，分别较普通耕作增产 10.4%、10.3%、5.7%、2.4%。而对于玉米水分生产效率而言，地膜覆盖处理明显高于其他处理，有机肥处理次之，再者为保水剂处理与秸秆覆盖处理，分别较普通耕作处理提高 43.9%、37.1%、33.7%、14.8%。

表 8-6　不同措施下玉米成产要素及产量分析

处理	株高 （cm）	穗位 （cm）	茎粗 （cm）	行数 （行）	两行粒数 （粒）	穗粗（周长） （cm）	有效穗长 （cm）	产量 （kg/hm²）	水分生产效率 [kg/(mm·hm²)]
普通耕作	224.3	96.7b	2.7a	14b	69.5e	15.0d	16.0c	8 976.0d	26.4e
秸秆覆盖	229.5	93.7c	2.7a	14b	79.6c	17.1b	16.3c	9 901.5a	30.3d
保水剂	220.5	95.7b	2.8a	16a	83.8a	18.2a	19.4a	9 192.0c	36.2b
有机肥	223.5	97.0b	2.6a	16a	76.0d	16.8b	17.6b	9 489.0b	35.3c
地膜覆盖	229.0	102.7a	2.7a	14b	81.0b	15.9c	17.5b	9 910.5a	38.0a

8.1.7　小麦-玉米复合效应

对小麦-玉米周年效应而言（见表 8-7），地膜覆盖的总产量最高，其次为秸秆覆盖处理，有机肥处理和保水剂处理，分别较普通耕作增产 12.5%、11.7%、5.4% 和 4.2%。总耗水量以普通耕作处理最高，其次为秸秆覆盖处理、地膜覆盖处理、有机肥处理和保水剂处理。而小麦-玉米总水分生产效率表现为：地膜覆盖处理>秸秆覆盖处理>保水剂处理>有机肥处理>普通耕作，分别较普通耕作处理提高了 17.0%、14.4%、13.9%、12.4%。

表 8-7　不同措施下小麦-玉米周年产量及水分利用分析

处理	小麦-玉米总产量（kg/hm²）	总耗水量（mm）	总水分生产效率［kg/（mm·hm²）］
普通耕作	17 085.0e	880.7a	19.4c
秸秆覆盖	19 087.5b	859.8b	22.2a
保水剂	17 799.0d	805.4d	22.1ab
有机肥	18 066.0c	828.7c	21.8b
地膜覆盖	19 216.5a	846.5b	22.7a

8.2　短期耕作、保墒及土壤改良措施对褐土区小麦、玉米周年生长的影响

本研究区与 2.3 节同,研究处理为:①常规耕作;②秸秆还田(小麦单季秸秆直接全部还田旋耕);③保水剂(聚丙烯酰胺类,施用量为 60 kg/hm²);④有机肥(鸡粪,750 kg/hm²);⑤免耕(小麦、玉米播种时均免耕);⑥深松(深度 30 cm);⑦深松(深度30 cm)+秸秆覆盖(4 500 kg/hm²)。

8.2.1　短期不同措施对小麦生长的影响

不同措施有效提高了小麦的干物质量(见图 8-1)。在小麦全生育期,除抽穗期(4 月 21 日),各处理中均以深松处理的干物质量最高,免耕处理次之,常规耕作处理最低。有机肥对于干物质的积累到抽穗期后才较为明显。

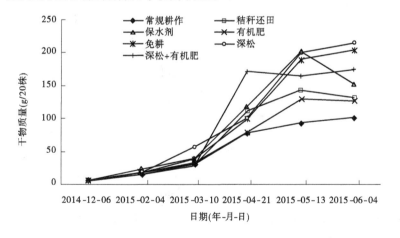

图 8-1　不同土壤改良措施小麦不同生育期干物质积累特征

不同措施均提高了小麦的株高、穗长、小穗数、穗粒数、千粒重(见表 8-8)。小麦产量以免耕处理最高,其较常规耕作增产 18.3%,其次为深松和有机肥处理。水分生产效率仍以免耕处理最高,较常规耕作提高了 20%,其次为深松+秸秆覆盖处理和有机肥处理,常

规耕作处理最低。

表 8-8　不同措施小麦成产要素、产量及水分利用分析

处理	株高 （cm）	穗长 （cm）	小穗数 （穗）	穗粒数 （粒）	不孕穗 （个）	千粒重 （g）	产量 （kg/hm²）	水分利用效率 ［kg/（mm·hm²）］
常规耕作	70.3	8.5	20.1	41.0	3.1	41.6	7 592.6	17.5
秸秆还田	77.6	9.7	21.8	43.6	2.8	48.5	8 027.8	19.2
保水剂	76.7	9.7	21.8	44.7	3.3	49.1	8 101.9	18.8
有机肥	74.8	9.9	20.5	45.5	3.2	48.5	8 388.9	20.8
免耕	72.7	8.9	21.2	48.4	4.3	46.5	8 981.5	21.0
深松	73.3	9.2	22.0	44.1	3.0	45.5	8 703.7	20.4
深松+有机肥	79.5	8.8	22.2	42.0	6.6	42.5	8 166.7	20.9

8.2.2　短期不同措施对玉米生长的影响

玉米干物质量随生育期的推进而明显增加，尤其是抽雄期后，增加幅度更大。在玉米收获期前，深松+秸秆覆盖处理的生物量较其他处理高，而到收获时，玉米的干物质量以免耕和有机肥处理最高（见图 8-2）。

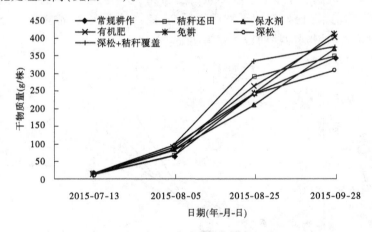

图 8-2　不同土壤改良措施玉米不同生育期干物质积累特征

不同措施均有效地提高了玉米的行数、行粒数、穗粗、株高、穗位及百粒重，最终提高了玉米的产量和水分生产效率（见表 8-9）。各处理中，以秸秆还田处理产量最高，较常规耕作增产 21.6%。且水分生产效率仍以秸秆还田处理最高，较常规耕作处理提高了 23.8%。说明小麦秸秆还田对于后茬玉米生长产生重要的影响，其在玉米生长季节能够更为有效地减少水分蒸发，改善土壤水分环境，促进其生长和水分的利用。

表 8-9 不同措施玉米成产要素、产量及水分利用分析

处理	行数（行）	双行粒数（粒）	穗粗（cm）	有效穗长（cm）	株高（cm）	穗位（cm）	茎粗（cm）	百粒重（g）	产量（kg/hm²）	水分生产效率［kg/（mm・hm²）］
常规耕作	14.8	72.4	15.6	16.6	231.0	106.0	2.6	25.0	6 484.5	18.5
秸秆还田	15.2	78.8	17.2	16.8	241.2	105.3	2.6	27.3	7 882.1	22.9
保水剂	15.2	77.2	16.9	17.6	242.8	113.6	2.5	26.4	7 509.1	22.7
有机肥	15.2	80.4	17.0	19.0	246.1	108.9	2.5	30.0	6 955.1	20.1
免耕	15.2	81.2	17.2	18.6	246.2	107.2	2.6	29.5	7 110.7	21.6
深松	14.4	74.4	17.3	18.0	241.2	112.7	2.4	29.9	7 466.2	21.5
深松+有机肥	15.6	73.2	16.6	16.6	253.1	120.2	2.6	28.9	7 533.7	21.7

注：穗粗为周长，下同。

8.2.3 短期不同措施对小麦、玉米周年的影响

从表 8-10 中可知，深松处理的小麦、玉米周年总产量高于其他处理，其次为免耕处理，其分别较常规耕作处理增产 14.9% 和 14.3%。而耗水量以深松+秸秆覆盖处理最低，常规耕作处理耗水量最高。不同处理中，以深松+秸秆覆盖处理和免耕处理的水分生产效率较其他处理高，分别较常规耕作处理提高了 18.5% 和 18.1%。说明采用深松和进行适当免耕有利于促进周年总水分利用率的提高。

表 8-10 不同措施对小麦、玉米周年总产量及水分利用的影响

处理	总产量（kg/hm²）	总耗水量（mm）	总水分生产效率［kg/（mm・hm²）］
常规耕作	14 077.1	783.1	18.0
秸秆还田	15 909.9	762.3	20.9
保水剂	15 611.0	761.7	20.5
有机肥	15 344.0	748.6	20.5
免耕	16 092.2	758.1	21.2
深松	16 169.9	772.6	20.9
深松+有机肥	15 700.4	736.9	21.3

8.3 长期耕作、保墒及土壤改良措施对褐土区 小麦、玉米周年生长的影响

本研究区与 2.3 节同，研究处理为：①常规耕作；②秸秆还田（小麦单季秸秆直接全部还田旋耕）；③保水剂（聚丙烯酰胺类，施用量为 60 kg/hm²）；④有机肥（鸡粪，750 kg/hm²）；⑤免耕（小麦、玉米播种时均免耕）；⑥深松（深度 30 cm）；⑦深松（深度 30

cm)+秸秆覆盖(4 500 kg/hm²)。

8.3.1 长期不同措施对小麦生长的影响

从图 8-3 中可知,随小麦生育期的推进,其群体数表现为先增后降的趋势,最终的成穗数以深松处理最高,其次为免耕处理。

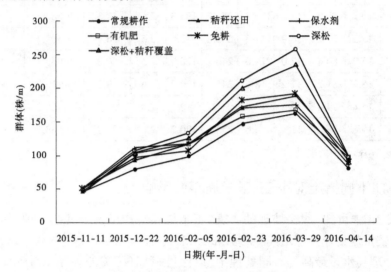

图 8-3　不同措施下小麦群体变化特征

从图 8-4 中可知,随小麦生育期的推进,其生物量增加。在分蘖期和孕穗期,免耕处理的干物质量较高。在抽穗期,以保水剂处理最高。在抽穗期以后,深松处理的干物质量明显高于其他处理,其次为免耕处理、深松+秸秆覆盖处理、有机肥处理、秸秆还田处理及保水剂处理。常规耕作处理的干物质量在小麦全生育期均最低。

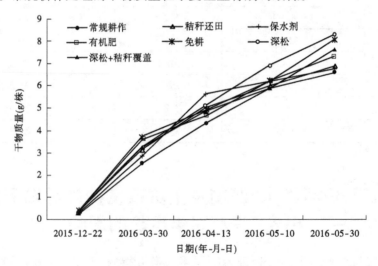

图 8-4　不同措施下小麦不同生育期干物质积累特征

从表 8-11 中可知,不同措施均提高了小麦的株高、穗长、小穗数、穗粒数、千粒重。最终小麦产量以免耕处理最高,其较常规耕作增产 18.1%。而水分生产效率仍以免耕处理最高,较对照提高了 25.9%,其次为秸秆还田处理、深松+秸秆覆盖处理、保水剂处理、深松处理、秸秆还田处理和有机肥处理,常规耕作处理水分利用效率最低。

表 8-11　不同措施下小麦成产要素、产量及水分利用分析

处理	株高 (cm)	穗长 (cm)	小穗数 (穗)	穗粒数 (粒)	不孕穗 (个)	千粒重 (g)	产量 (kg/hm²)	水分利用效率 [kg/(mm·hm²)]
常规耕作	52.0	6.8	19.6	33.8	3.2	41.1	6 909.7	27.0
秸秆还田	53.8	7.0	19.8	34.0	3.6	42.2	7 351.4	29.1
保水剂	56.8	6.9	21.4	38.7	2.4	42.6	7 881.9	30.7
有机肥	54.0	7.4	20.2	36.3	3.4	44.7	7 326.4	28.9
免耕	55.7	7.3	19.9	43.2	2.2	44.2	8 159.7	34.0
深松	54.6	6.9	19.0	34.0	2.9	43.6	7 604.2	30.3
深松+ 秸秆覆盖	52.9	7.0	19.7	37.8	2.0	43.7	7 743.1	31.3

8.3.2　长期不同措施对玉米生长的影响

从图 8-5 中可知,随生育期的推进,玉米干物质量均增加。在玉米全生育期,秸秆还田处理的生物量较其他处理高,其次为深松+秸秆覆盖处理,常规耕作处理均最低。从表 8-12 中可知,不同措施有效地改善了玉米的形态指标,提高了玉米的成产要素、产量及水分生产效率。以秸秆还田处理产量最高,较常规耕作增产 23.3%,其次为深松+秸秆覆盖处理、深松处理和有机肥处理。而水分生产效率以深松+秸秆覆盖处理最高,较常规耕作处理提高了 32.4%。

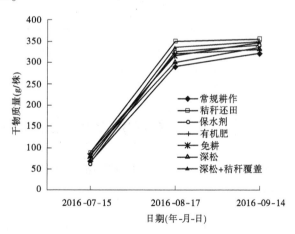

图 8-5　不同措施下玉米不同生育期干物质积累特征

表 8-12　不同措施下玉米成产要素、产量及水分利用分析

处理	株高（cm）	叶片（片）	茎粗（cm）	穗位（cm）	行数（行）	两行粒数（粒）	穗长（cm）	穗粗（周长）（cm）	百粒重（g）	产量（kg/hm²）	水分利用效率［kg/（mm·hm²）］
常规耕作	213.0	14.0	2.0	100.8	13.8	53.4	12.4	13.3	24.3	5 928.0	18.5
秸秆还田	228.6	13.8	2.2	101.4	16.0	64.2	15.3	14.9	25.1	7 311.9	23.3
保水剂	217.6	13.2	2.4	97.4	16.2	52.2	13.5	13.9	25.9	6 561.9	21.9
有机肥	214.4	13.0	2.0	88.4	14.0	45.4	13.4	12.1	26.6	6 734.5	22.7
免耕	217.4	14.0	2.2	102.4	16.2	56.0	13.9	12.4	29.9	6 679.2	22.6
深松	229.4	14.4	2.2	107.6	16.4	59.0	14.9	13.5	32.0	6 962.5	22.4
深松+秸秆覆盖	222.8	14.0	2.3	97.0	16.4	59.0	13.6	13.3	28.7	7 154.2	24.5

8.3.3　长期不同措施对小麦、玉米周年的影响

从表 8-13 中可知,深松+秸秆覆盖处理的小麦、玉米周年总产量高于其他处理,其次为免耕处理,其分别较常规耕作处理增产 14.9% 和 14.3%。而耗水量以免耕处理最低,其次为深松+秸秆覆盖处理,常规耕作处理最高。不同处理中,以深松+秸秆覆盖处理和免耕处理的水分生产效率较其他处理高,分别较常规耕作处理提高了 16.0% 和 15.6%。说明长期进行深松和免耕有利于周年作物产量和水分利用率的提高。

表 8-13　不同措施对小麦、玉米周年总产量及水分利用的影响

处理	总产量（kg/hm²）	总耗水量（mm）	总水分生产效率［kg/（mm·hm²）］
常规耕作	12 837.7	575.8	22.3
秸秆还田	14 663.3	566.1	25.9
保水剂	14 443.8	557.4	25.9
有机肥	14 060.9	550.5	25.5
免耕	14 838.9	535.1	27.7
深松	14 566.7	561.4	25.9
深松+秸秆覆盖	14 897.2	539.0	27.6

8.4　不同耕作对冬小麦生长的影响

研究区概况及管理方式同 2.3 节,研究处理为:①常规耕作(CT);②免耕(NT);③深松(SS);④双季秸秆还田(SS)。

8.4.1　不同耕作对冬小麦株高的影响

随着冬小麦生育期推进,冬小麦株高不断增加,在灌浆期后保持稳定。其中 2014~2015 年同生育期冬小麦株高略高于 2015~2016 年(见图 8-6),土壤水分是影响作物生长

的重要因素,由于 2014～2015 年的降雨量高于 2015～2016 年降雨量,进而引起冬小麦株
高的变化。

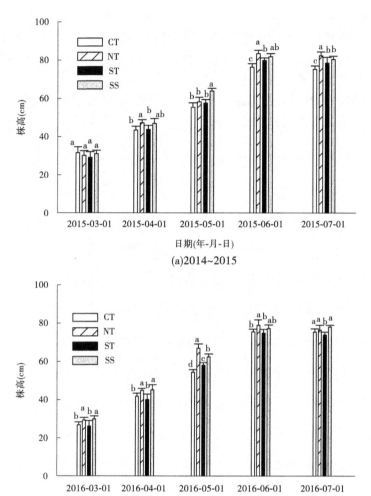

图 8-6　2014～2015 和 2015～2016 年不同耕作处理冬小麦株高变化动态

　　耕作措施不同土壤蓄水保墒效果差异显著,导致不同耕作措施下冬小麦株高差异显
著($P<0.05$)。2014～2015 年冬小麦拔节期各耕作处理下株高差异不显著,在冬小麦孕
穗、灌浆和成熟期免耕处理下冬小麦株高显著高于其他处理($P<0.05$)。而在冬小麦扬花
期,双季秸秆处理下冬小麦株高显著高于其他处理,这可能是由于冬小麦扬花期,双季秸
秆处理能够显著提高土壤耕层含水量。2015～2016 年,冬小麦从拔节期、扬花期、灌浆期
免耕处理下冬小麦株高均显著高于传统耕作。双季秸秆还田处理在冬小麦拔节期、扬花
期的株高显著高于传统耕作,而深松耕作在冬小麦抽穗期和成熟期的株高显著低于传统
耕作,这可能是由于 2015～2016 年降水量较少,深松耕作在冬小麦成熟期分层含水量低
于传统耕作所致。

8.4.2　不同耕作对冬小麦叶面积指数的影响

叶面积指数(Leaf Area Index,LAI)是叶片总面积与所占土地面积的比值,叶面积指数的大小反映了作物群体光合作用的强弱和营养物质生产能力的大小,且灌浆后期的叶面积指数的大小与生物量和产量呈显著正相关。图 8-7 为 2014~2015 年和 2015~2016 年冬小麦不同生育期叶面积指数的动态变化。整体来看,2 年冬小麦叶面积指数均呈先增高后降低的趋势,且在扬花期达到最大值,这是冬小麦扬花期的光合速率最大造成的。这与赵雪飞等和安强等的研究结果一致。冬小麦株高建成后,随着株高的增加,叶面积指数亦增加,至冬小麦灌浆期后,叶片逐渐衰老,叶面积指数也逐渐下降。

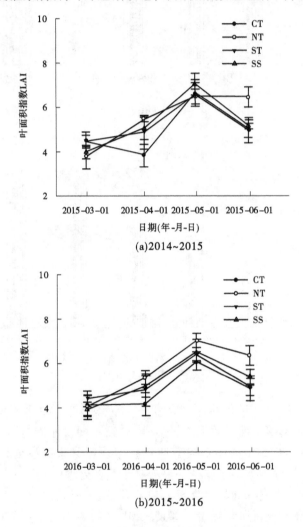

(a)2014~2015

(b)2015~2016

图 8-7　不同耕作处理冬小麦叶面积指数动态变化

不同耕作措施下由于株高不同,叶面积指数也存在显著性差异。2014~2015 年免耕处理下冬小麦孕穗期和灌浆期的叶面积指数较传统耕作分别提高 39.1%和 32.8%,一方面由于免耕条件下冬小麦的株高较高,另一方面由于免耕措施下土壤水分较多,可以延缓叶片衰老,使灌浆期后叶面积指数较高。2015~2016 年由于降水量较少,免耕在提高土壤水分方面效果明显,冬小麦株高也显著高于其他耕作处理,因此冬小麦孕穗期、扬花期和灌浆期的叶面积指数均显著高于传统耕作。

8.4.3　不同耕作对冬小麦生物量的影响

地上部生物量的积累影响产量的形成。随冬小麦生育期推进,生物量呈逐渐递增趋势,且在冬小麦前期干物质积累较缓慢,在孕穗期之后干物质积累速度加快,直至灌浆期后干物质累积速度又减缓(见图 8-8)。2014~2015 年 4 种耕作处理干物质积累量高于2015~2016 年,这与冬小麦株高的变化趋势一致。

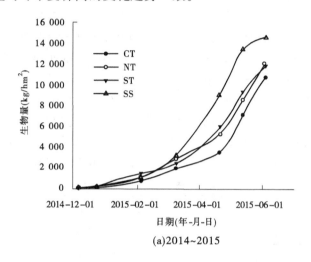

(a)2014~2015

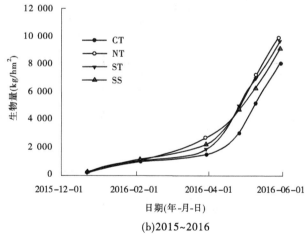

(b)2015~2016

图 8-8　不同耕作处理冬小麦生物量动态变化

与传统耕作相比,2014~2015 年免耕、深松和双季秸秆还田处理在冬小麦灌浆期和成熟期的干物质积累量均显著高于传统耕作,且双季秸秆还田处理增加幅度最大。而 2015~2016 年免耕处理下干物质积累量在扬花期、灌浆期和收获期分别提高 35.6%、39.3% 和 23.1%。双季秸秆还田处理在冬小麦灌浆期和收获期较传统耕作显著提高了干物质积累量。

8.4.4　不同耕作处理对小麦产量和水分利用效率的变化

8.4.4.1　不同耕作处理对产量构成要素的影响

　　冬小麦穗长、结实小穗数、穗粒数和千粒重都是产量构成的主要因素。2011~2012年、2012~2013年、2013~2014年、2014~2015年和2015~2016年5年冬小麦产量构成中，保护性耕作方式(免耕、深松和双季秸秆还田)冬小麦穗长、结实小穗数、穗粒数和千粒重均高于传统耕作(见表8-14)。2011~2012年，免耕处理下冬小麦穗长、结实小穗数、穗粒数和千粒重较传统耕作提高4.5%、4.6%、23.9%、6.8%和18.7%，深松耕作处理则显著提高了穗长和穗粒数，双季秸秆还田处理较传统耕作提高冬小麦穗长、穗粒数和千粒重4.5%、23.5%、7.8%和26.3%，而降低了小穗数4.6%。2012~2013年由于降水量较少，4种耕作处理产量较其他年份均较低，冬小麦穗粒数和千粒重较其他年份显著降低，但冬小麦的穗长和小穗数与其他年份无显著差别。2013~2014年和2014~2015年，双季秸秆还田处理下冬小麦产量最高，其穗长、小穗数、穗粒数和千粒重较传统耕作分别提高3.8%和12.7%、5.2%和6.0%、12.9%和10%、5.7%和2.6%及15.3%和10.4%。2015~2016年免耕产量显著高于传统耕作，其穗长、小穗数、穗粒数和千粒重分别提高7.3%、1.5%、27.8%和7.5%。可见，产量构成要素对产量的形成有重要影响，而朱杰等研究认为免耕和深耕条件下对产量构成没有影响，这可能是因为种植作物和气候不同导致结果有差异。

表 8-14　2011~2016年冬小麦产量构成要素及产量

年份	处理	穗长 (cm)	小穗数 (个)	穗粒数 (粒)	千粒重 (g)	产量 (kg/hm²)
2011~2012	CT	6.6	17.4	31.4	38.4	6 319.4
	NT	6.9	18.2	38.9	41.0	7 500.0
	ST	6.9	17.6	37.9	37.6	7 083.3
	SS	6.9	16.6	38.8	41.4	7 986.1
2012~2013	CT	7.4	18.8	30.9	41.2	5 784.7
	NT	7.5	19.4	31.4	36.2	6 048.6
	ST	7.7	19.1	31.9	36.8	5 950.0
	SS	7.5	19.2	32.3	41.6	6 118.1
2013~2014	CT	8.0	19.3	37.1	35.2	7 080.9
	NT	7.3	19.6	39.4	42.4	7 800.4
	ST	8.0	20.9	38.8	35.8	7 386.5
	SS	8.3	20.3	41.9	37.2	8 165.7

续表 8-14

年份	处理	穗长 （cm）	小穗数 （个）	穗粒数 （粒）	千粒重 （g）	产量 （kg/hm²）
2014~2015	CT	7.9	20.0	39.9	41.9	8 180.6
	NT	8.4	20.2	40.0	44.4	8 201.4
	ST	8.3	21.1	41.5	45.4	9 625.0
	SS	8.9	21.2	40.3	43.0	9 034.7
2015~2016	CT	6.8	19.6	33.8	41.1	6 909.7
	NT	7.3	19.9	43.2	44.2	8 159.7
	ST	6.9	19.0	38.0	43.6	7 604.2
	SS	7.0	19.8	40.0	42.2	7 951.4

8.4.4.2　耕作措施下产量与产量构成要素的相关分析

不同耕作措施下,冬小麦产量与穗长、小穗数、穗粒数和千粒重均呈显著正相关关系($P<0.05$),其中,产量与穗粒数呈极显著相关($P<0.001$)(见表 8-15)。产量与穗长、小穗数、穗粒数和千粒重的相关系数 R^2 分别为 0.461、0.488、0.905 和 0.575,说明产量受穗粒数的影响最大,其次为千粒重,穗长对产量的影响最小。其中,穗长和小穗数的相关系数达到 0.767,显著性检验为极显著($P<0.001$),这说明穗越长,小穗数则越多。穗长与穗粒数和千粒重的相关关系不显著($P>0.05$)。而穗粒数与千粒重相关系数为 0.426,呈显著正相关($P<0.05$)。总的来说,耕作措施下影响冬小麦产量的主要是穗粒数,其次是千粒重,而顾国俊等的研究不一致,认为在秸秆还田措施下影响产量的主要因素是穗数和穗粒数。

表 8-15　冬小麦产量构成要素与产量的相关关系

项目		产量 （kg/hm²）	穗长 （cm）	小穗数 （个）	穗粒数 （粒）	千粒重 （g）
相关系数	产量	1.000	0.461	0.488	0.905	0.575
	穗长	0.461	1.000	0.767	0.356	0.041
	小穗数	0.488	0.767	1.000	0.412	0.221
	穗粒数	0.905	0.356	0.412	1.000	0.426
	千粒重	0.575	0.041	0.221	0.426	1.000
显著性检验	产量	—	0.020	0.014	0.000	0.004
	穗长	0.020	—	0.000	0.062	0.432
	小穗数	0.014	0.000	—	0.035	0.175
	穗粒数	0.000	0.062	0.035	—	0.030
	千粒重	0.004	0.432	0.175	0.030	—

8.4.4.3　耕作措施下影响冬小麦产量的主导因素分析

以 2011~2016 年 4 种耕作措施下冬小麦籽粒产量为因变量,以冬小麦穗长、小穗数、穗粒数和千粒重为自变量进行逐步回归,并进行通径分析。4 种耕作措施下冬小麦产量构成要素通径分析(见表 8-16)显示冬小麦穗长对产量的通径系数为 0.22,小穗数对产量的通径系数为 −0.04,穗粒数对产量的通径系数为 0.73,千粒重对产量的通径系数为 0.26,说明这 4 种成产要素对产量的直接影响由大到小的顺序依次为穗粒数>千粒重>穗长>小穗数。其中,小穗数对产量的通径系数为负值,说明增加小穗数并不能直接提高冬小麦产量,但小穗数对产量的间接通径系数为 0.53(对穗长的间接通径系数为 0.17,对穗粒数的间接通径系数为 0.30,对千粒重的间接通径系数为 0.06),这说明小穗数增加主要通过影响穗粒数、穗长和千粒重等间接作用影响产量,且小穗数主要通过影响穗粒数影响冬小麦产量,进而掩盖了小穗数对产量的负效应。穗粒数对小麦产量的通径系数最大,说明增加穗粒数能够显著增加冬小麦产量,但穗粒数通过小穗数对小麦产量的影响为负效应(间接通径系数为 −0.02),而穗粒数通过穗长和千粒重的间接通径系数分别为 0.08 和 0.11,说明穗粒数主要通过千粒重影响作物产量。

表 8-16　产量构成要素的通径分析

自变量	相关系数	通径系数	间接通径系数				
			穗长	小穗数	穗粒数	千粒重	合计
穗长	0.46	0.22	—	−0.03	0.26	0.01	0.24
小穗数	0.49	−0.04	0.17	—	0.30	0.06	0.53
穗粒数	0.91	0.73	0.08	−0.02	—	0.11	0.17
千粒重	0.58	0.26	0.01	−0.01	0.32	—	0.32

8.4.4.4　不同耕作处理对水分利用效率的影响

不同年份由于降水量不同,各处理产量及水分利用效率(WUE)差异显著。对于较干旱的年份(2012~2013 年和 2015~2016 年)产量显著低于降水量较多的年份(2011~2012 年、2013~2014 年和 2014~2015 年),但较干旱年份的水分利用效率显著高于降水量较多的年份(见表 3-5),这说明适度干旱胁迫能够促进作物对土壤水分的吸收。

不同耕作处理冬小麦产量和水分利用效率差异显著($P<0.05$)(见表 8-17)。在较干旱年份(2012~2013 年和 2015~2016 年),免耕、深松和双季秸秆还田处理冬小麦 2 年平均产量较传统耕作分别增产 11.3%、6.4% 和 7.4%。在 2011~2012 年、2013~2014 年和 2014~2015 年降水量较多的年份,免耕、深松和双季秸秆还田处理冬小麦 3 年平均产量较传统耕作分别增产 9.6%、11.3% 和 17.4%。可见,在降水量较少年份,免耕增产优势显著;降水量较多年份,双季秸秆还田增产效果最好。相同年份不同耕作处理水分利用效率差异显著($P<0.05$)。在降水量较多的年份(2011~2012 年、2013~2014 年和 2014~2015 年),免耕、深松和双季秸秆还田处理均显著提高水分利用效率(WUE),而在 2012~2013 年和 2015~2016 年降水量较少年份,免耕的水分利用效率 2 年均达到最高值,显著高于其他耕作处理。再次说明,免耕在干旱年份能够显著提高水分利用效率,且优于深松耕作。

表 8-17 2011~2016 年不同耕作处理小麦产量和水分利用效率

年份	耕作	播前储水量（mm）	收获期储水量（mm）	生育期降水量（mm）	灌水量（mm）	生育期耗水量（mm）	籽粒产量（kg/hm²）	WUE [kg/(mm·hm²)]
2011~2012	CT	223.2	85.3	246.7	60	419.4	6 319.4d	14.2c
	NT	210.4	97.7	246.7	60	398.8	7 500.0b	17.9b
	ST	195.3	103.2	246.7	60	444.6	7 083.3c	17.8b
	SS	206.6	80.9	246.7	60	432.4	7 986.1a	18.5a
2012~2013	CT	161.8	176.5	186.5	60	231.2	5 784.7b	25.0b
	NT	146.0	161.3	186.5	60	231.2	6 048.6a	26.2a
	ST	150.7	153.7	186.5	60	243.5	5 950.0b	24.4c
	SS	169.2	171.3	186.5	60	244.4	6 118.1a	25.0b
2013~2014	CT	197.8	95.3	245.4	60	370.1	7 080.9d	19.1b
	NT	180.6	103.8	245.4	60	382.2	7 386.5c	19.3b
	ST	183.5	118.7	245.4	60	407.9	7 800.4b	19.1b
	SS	173.5	74.5	245.4	60	404.4	8 165.7a	20.2a
2014~2015	CT	231.7	85.8	269.4	—	415.2	8 180.6b	19.7b
	NT	253.0	103.7	269.4	—	418.8	8 201.4b	19.6b
	ST	225.7	89.9	269.4	—	405.2	9 625.0a	23.8a
	SS	238.1	79.7	269.4	—	427.8	9 034.7a	21.1b
2015~2016	CT	221.4	97.2	198.0	—	322.2	6 909.7c	21.4d
	NT	222.5	114.7	198.0	—	305.8	7 804.2b	25.5a
	ST	227.5	98.5	198.0	—	327.0	8 159.7a	24.9b
	SS	220.8	97.5	198.0	—	321.3	7 534.7b	23.4c

注：同列不同小写字母代表显著性 P<0.05。

8.4.5 讨论

土壤水分是作物增产的重要因素之一，保护性耕作由于减少土壤水分蒸散，提高土壤蓄水保墒能力，进而提高冬小麦产量。大量研究表明，免耕和深松耕作能够增加冬小麦产量，提高水分利用效率。吴金芝等（2008）认为，免耕和深松耕作提高冬小麦产量的主要原因是保护性耕作措施可延缓旗叶叶绿素降解，改善旗叶光合性能，促进干物质积累。张丽华等（2011）通过 3 年大田试验发现，免耕和深松耕作均能提高水分利用效率和作物产量且深松>翻耕>免耕。而本研究结果表明，干旱年份，免耕的水分利用效率优于深松耕作。王小彬等（2003）认为深松耕作能够显著提高小麦产量，且增产效果优于免耕。本试验研究结果表明，在降水量较少年份，免耕增产优势显著，且优于深松耕作，而在降水量较多年份,冬小麦产量表现为双季秸秆还田>深松>免耕。秸秆还田可减少土壤水分蒸发,增加土壤持水能力,进而提高小麦产量,但也有研究发现秸秆还田处理会导致作物产量减产,主要原因是秸秆还田具有低温效应或是过多消耗了土壤中的氮素,不利于作物生长。而本研究结果表明,秸秆还田处理在降水量较大的年份增产显著。

8.4.6　小结

不同耕作措施下冬小麦关键生育期土壤水分在土壤 0～100 cm 垂直分布特征差异显著。在冬小麦扬花期、灌浆期和成熟期 60 cm 土层处,传统耕作、免耕和深松耕作下的土壤含水量均达到最低值,0～60 cm 土壤含水量随深度增加而降低,而 60～100 cm 土壤含水量随深度增加有增加的趋势。其中 0～40 cm 属耕作层,土壤含水率受耕作处理影响明显。不同年份由于降水量不同,冬小麦 0～100 cm 储水量变化趋势有所差异。相同年份不同耕作处理 0～100 cm 储水量差异显著,免耕显著提高冬小麦关键生育期土壤 0～100 cm 储水量。在较干旱年份,不同生育期土壤蓄水保墒效果免耕和双季秸秆还田处理优于深松耕作。

保护性耕作措施能够增加冬小麦株高、叶面积及冬小麦地上部生物量和产量,且穗粒数和千粒重是影响冬小麦产量的主要因素。在降水量较少年份,免耕增产优势显著;而在降水量较多年份,增产效果为双季秸秆还田>深松耕作>免耕处理。相同年份不同耕作处理水分利用效率差异显著($P<0.05$)。免耕在干旱年份能够显著提高水分利用效率,且优于双季秸秆还田处理和深松耕作。

第 9 章 耕作保墒措施对作物
影响的模拟与预测

　　DSSAT 模型是当前世界上应用最广泛的作物模型之一,其主要用于进行农业试验分析、作物产量预报、农业生产过程中的风险评估、气候条件对农业生产的影响评价等。DSSAT 模型可模拟作物光温和降水生产潜力,优化作物栽培方案等,可为合理的农业技术选择提供决策与预测。CERES – Maize 模型是 DSSAT 中专门用于模拟玉米的模型,其已广泛应用于各类农业研究。相关研究表明,CERES – Maize 模型可在水分充足的条件下准确地模拟玉米生长过程中的土壤含水率、叶面积指数、生物量及产量。Dejonge et al. (2011) 通过田间试验与模型模拟对比发现,CERES – Maize 模型虽然对产量模拟较为准确,但在水分亏缺条件下模拟效果较差,需要进行改进。以往关于 DSSAT 研究多集中于干旱或半干旱地区,且多关于小麦方面或玉米水分或施肥等方面的研究。而在河南豫西半湿润区,CERES – Maize 模型能否应用于该区长期不同耕作与土壤改良措施下夏玉米的生产和管理,能否模拟因土壤剖面物理性质变化导致的土壤水分环境差异而引起的玉米生长环境系统变化的有效工具,需要对 CERES – Maize 模型模拟不同长期定位耕作保墒与土壤结构改良措施下,玉米的生长发育以及产量形成过程中的精度进行系统评估。基于不同长期定位耕作保墒与土壤改良措施中夏玉米试验的观测数据,运行 DSSAT 模型,并以模型中的 GLUE 工具对其作物遗传参数等进行估计,并对模型进行验证,目的在于系统模拟豫西褐土半湿润区因长期定位措施土壤物理条件的改变而引起的水分环境和作物生长过程的差异,为 DSSAT 模型在该区的广泛应用提供有力的科学依据。

　　而 RZWQM2(Root Zone Water Quality Model) 模型综合了气象、土壤、作物、管理等模块,采用系统分析方法和计算机模拟技术,克服了传统农业试验方法的缺陷,能够合理地模拟不同耕作条件下土壤分层水分、土壤有机碳氮和作物产量。Malone et al. (2003) 和 Saseendran et al. (2007) 利用 RZWQM 模型主要模拟了不同耕作措施对除草剂、杀虫剂和氮素通过大孔隙淋溶的影响。另外,该模型已在华北平原等地区进行了有效的校验和成功的应用。利用长期定位试验和 RZWQM2 模型相结合的方法,以保护性耕作—土壤水碳氮—作物产量之间的关系为研究重点,阐明长期保护性耕作方式对农田土壤水碳氮的演变特征,重点研究耕作方式转变对水碳氮的调控作用,揭示保护性耕作方式水肥高效利用的机制,为河南省农田耕地质量评价及优化耕作制度提供科学依据。

9.1　基于 DSSAT 模型的长期定位措施玉米生长过程模拟与验证

9.1.1　研究区概况

试验在河南省禹州试验基地（113°03′~113°39′E,33°59′~34°24′N）进行,海拔 116.1 m,多年平均降水量 674.9 mm,其中 60% 以上集中在夏季;土壤为褐土,该地区地势平坦,肥力均匀,耕层有机质质量比 12.3 g/kg、全氮质量比 0.80 g/kg、水解氮质量比 47.82 mg/kg、速效磷质量比 6.66 mg/kg、速效钾质量比 114.8 mg/kg。该区为小麦 – 玉米轮作区。

9.1.2　研究设计

长期定位试验始于 2006 年,选取其中 2 年(2013 年和 2015 年 6 ~ 9 月,两个年度夏玉米生长和降水量较为一致,且这两年的玉米品种相同及观测数据较为齐全)。试验数据用于本研究。

试验共设置 4 个处理:①常规耕作、深松(深度 30 cm);②秸秆还田(小麦单季秸秆直接全部还田旋耕,还田量为 10 500 kg/hm²);③有机肥(鸡粪,750 kg/hm²,氮、磷、钾质量分数分别为 1.5%、1.2%、0.8%)。玉米播种前施用过磷酸钙(P_2O_5 112.5 kg/hm²)、钾肥(纯钾 112.5 kg/hm²)及氮肥(纯氮 187.5 kg/hm²),一次性底施。除深松处理外,其他处理耕作深度为 15 cm。有机肥处理施用的氮、磷、钾无机肥用量分别扣除了鸡粪原有的氮、磷、钾,以保证每个处理的养分用量一致。玉米品种为郑单 958。小区面积为 32 m²。2013 年玉米于 6 月 5 日播种,6 月 10 日出苗,6 月 23 日定苗,9 月 30 日收获;2015 年玉米于 6 月 6 日播种,6 月 11 日出苗,6 月 22 日定苗,9 月 30 日收获。

9.1.3　测定指标与方法

9.1.3.1　土壤含水率

土壤体积含水量采用中国电子科技集团 27 所生产的 DZN2 – 1 型自动测定仪测定,测定深度分别为 0 ~ 10 cm、10 ~ 20 cm、20 ~ 30 cm、30 ~ 40 cm、40 ~ 50 cm、50 ~ 60 cm、60 ~ 70 cm、70 ~ 80 cm、80 ~ 100 cm 共 9 个层次,每处理 3 个重复。

9.1.3.2　叶面积指数

在玉米定苗后,每个小区偏中间区域随机标记两行长势较为一致的植株作为最后测产区域,在每个小区标记 2 株玉米植株进行叶面积的测量,10 d 左右进行一次测量,根据测量植株的叶面积,计算小区叶面积指数:

$$V_{LAI} = S_{LA}D/10\ 000 \tag{9-1}$$

式中　V_{LAI}——叶面积指数;

　　　S_{LA}——单株玉米总叶面积,m²/株;

　　　D——种植密度,株·hm²。

9.1.3.3　玉米生物量

在玉米不同生育期(7 月 3 日、7 月 17 日、7 月 25 日、8 月 3 日、8 月 14 日、8 月 22 日、8 月 29 日、9 月 4 日、9 月 12 日、9 月 18 日、9 月 23 日、9 月 30 日)采取长势较为一致的植株 2 株,根据玉米种植密度折合成每公顷生物量。

9.1.3.4　籽粒产量

在玉米收获后,每小区采集两行玉米,脱粒,风干,称量计产。

9.1.4　模型数据库组建

DSSAT 模型主要包括气象气候、作物管理、土壤及作物遗传特性等 4 个模块。在模型模拟运算前,需要建立 4 个模块的基本数据库及其参数体系。本研究所用的气象资料均来源于中国气象科学数据共享服务网。模型运行的最基本气象数据包括:逐日太阳辐射[kJ/(m² · d)],逐日最高最低气温(℃),逐日降水量(mm/d)。作物的管理数据主要包括播种日期、耕作方式及日期、施肥量、收获日期及收获方式等;对于本研究参数的输入主要包括土地耕作方式、秸秆还田量、有机肥施用量及耕作深度。需要输入的土壤参数主要包括土壤容重、土壤有机碳含量、土壤和导水率、饱和含水量、田间持水量和永久萎蔫点等。DSSAT 模型利用作物品种自身的遗传特性参数来描述品种的特性,用以控制作物生长发育的进程、植株形态及产量的形成。因此,需要建立 CERES —玉米作物模型的品种遗传特性参数数据库。

9.1.5　模型的率定和验证

将 2013 年实测的不同措施的土壤剖面土壤物理及水力学参数(土壤容重、土壤有机碳含量、土壤和导水率、饱和含水量、田间持水量和永久萎蔫点等)作为初始条件输入模型中,并对模型进行调参,通过分析比较土壤不同土层含水率、叶面积指数及地上生物量等的模拟效果,采用试错法对土壤剖面水力参数值进行调整,确保模型的率定结果在允许的误差范围内。作物的品种参数利用 DSSAT 模型中自带的 Glue 参数调试程序进行玉米参数 P1、P2、P5、G2、G3 和 PHINT 的调试。首先在原程序给定的某个参数范围内进行参数的率定,然后根据其提供的最佳参数组合,来缩小参数的范围,之后继续进行参数的率定,一次率定最高可进行 10 000 次随机搜索,通过不断地缩小参数的范围,最终得到最满意的参数组合。经过调试后,优化后的玉米品种参数见表 9-1。在参数率定的基础上,利用 2015 年实测数据对模型进行验证。

表 9-1　调试后的玉米品种参数

序号	参数类型	含义	参数值	参数范围
1	P1(℃ · d)	P1 指从出苗到种子萌芽期结束时的大于 8 ℃的积温	332.250	5 ~ 450
2	P2(℃ · d)	P2 指光周期敏感系数	0.645	0 ~ 2
3	P5(℃ · d)	P5 指从吐丝到生理成熟期时大于 8 ℃的积温	882.300	580 ~ 999
4	G2(No./plant)	G2 指单株潜在最大穗粒数	931.850	248 ~ 990
5	G3[mg/(grain · d)]	G3 指潜在最大灌浆速率	8.771	5 ~ 16.5
6	PHINT(℃ · d)	PHINT 指出叶间隔期间的大于 8 ℃的积温	50.380	35 ~ 65

9.1.6　模型误差检验

模型的校正和验证过程均采用模拟值与实测值间的相对均方根误差($RRMSE$)与绝对相对误差(ARE)来进行误差评价,其能进行模拟值与实测值相对差异程度的度量,且为无量纲统计量,可进行不同变量之间的比较。$RRMSE$ 与 ARE 值越小,模型模拟的精度越高。

$$RMSE = \sqrt{\sum_{i=1}^{n} \frac{(S_i - O_i)^2}{n}} \qquad (9\text{-}2)$$

$$RRMSE = \frac{RMSE}{O} \times 100\% \qquad (9\text{-}3)$$

$$ARE = \frac{|S_i - O_i|}{O_i} \times 100\% \qquad (9\text{-}4)$$

式中　$RMSE$——均方根误差;

　　　$RRMSE$——相对均方根误差;

　　　ARE——绝对相对误差;

　　　S_i——第 i 个模拟值;

　　　O_i——第 i 个观测值;

　　　O——观测值的平均值;

　　　n——模拟值的样本数。

当 $RRMSE < 10\%$,为极好;$10\% \leqslant RRMSE \leqslant 20\%$,为好;$20\% < RRMSE \leqslant 30\%$,为中等;$RRMSE > 30\%$ 为差。

9.1.7　模型率定

9.1.7.1　土壤水分模拟

应用 DSSAT 模型对玉米整个生育期不同处理不同土层的土壤水分动态进行模拟,得出了不同土层土壤水分的动态变化特征,不同处理模型模拟结果与实测值的模拟误差 $RMSE$(见表 9-2)为 $0.022 \sim 0.164~\text{cm}^3/\text{cm}^3$,模型的 ARE 分别介于 $4.9\% \sim 9.5\%$。随土层的加深,模拟值与实测值的 $RMSE$ 误差逐渐降低,且常规耕作模拟效果最佳。

表 9-2　不同处理水分动态的 DSSAT 模拟值与实测值的 $RMSE$ 误差(2013 年)

处理	0 ~ 10 cm	10 ~ 20 cm	20 ~ 30 cm	30 ~ 40 cm	40 ~ 50 cm	50 ~ 60 cm	60 ~ 70 cm	70 ~ 80 cm	80 ~ 100 cm
常规耕作	0.156	0.103	0.049	0.036	0.043	0.022	0.027	0.025	0.036
深松	0.162	0.159	0.164	0.111	0.062	0.054	0.045	0.043	0.066
秸秆还田	0.143	0.108	0.072	0.033	0.032	0.033	0.038	0.057	0.070
有机肥	0.143	0.140	0.121	0.064	0.049	0.051	0.036	0.058	0.060

以常规耕作为例对土壤水分动态模拟结果进行分析,如图 9-1 所示。在玉米不同生

长阶段,不同土层的土壤水分均呈下降趋势。0～10 cm 土层的土壤水分变化最为剧烈,模拟值与实测值误差较大。10～20 cm 和 20～30 cm 土层较表层土壤水分变化较为平缓,但 10～20 cm 土层土壤水分模拟值与实测值误差仍较大。土壤表层(0～10 cm)和亚表层(10～20 cm)的水分因受外界环境因素的影响较大,因此较更深层次土层土壤水分实测准确性低。而 20 cm 以上土层,特别是 50 cm 土层土壤水分的模拟值与实测值整体比较一致,且土壤含水率变化趋势基本一致,其模拟值和实测值的误差 *RMSE* 为 0.022～0.036,模型的 *ARE* 分别为 4.5%～8.3%。说明在玉米生长过程中对于 50 cm 以上土层土壤水分的影响更为显著。

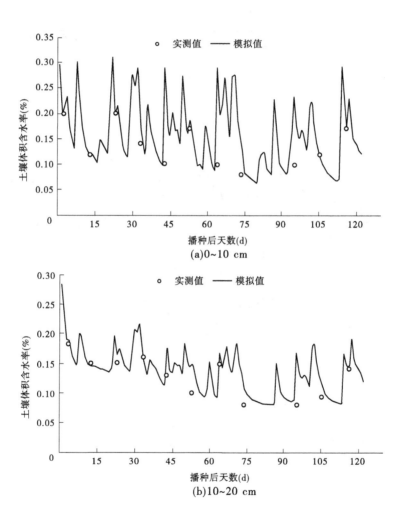

图中实线代表模拟的土壤含水率,圆圈为实测值,下同。

图 9-1　常规耕作不同土层土壤含水率的模拟值与观测值对比

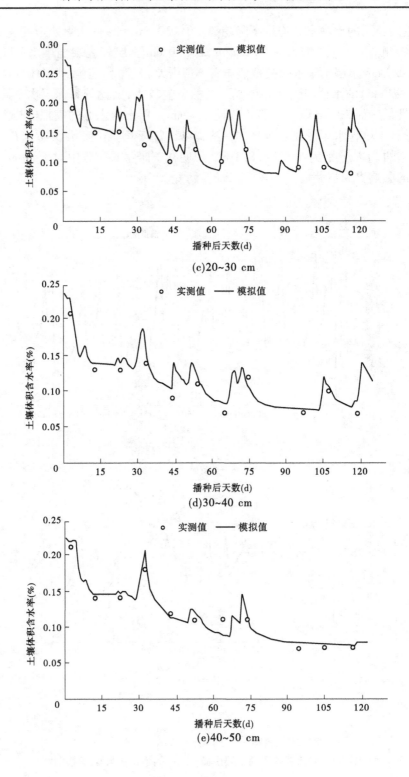

(c)20~30 cm

(d)30~40 cm

(e)40~50 cm

续图9-1

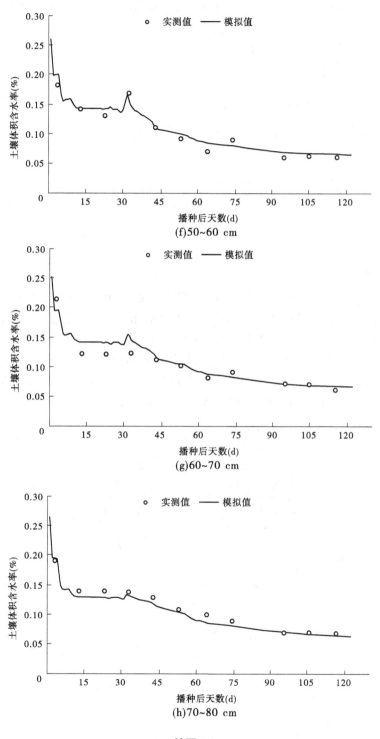

(f)50~60 cm

(g)60~70 cm

(h)70~80 cm

续图 9-1

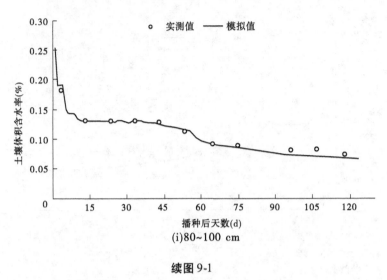

(i)80~100 cm

续图 9-1

9.1.7.2　叶面积指数模拟

从图 9-2 中可知,玉米叶面积指数的模拟值和实测值十分接近,在玉米播种 60 d 前,不同措施对叶面积指数的影响没有差异。而 60 d 后玉米叶面积指数以有机肥和深松处理明显高于其他处理,秸秆还田处理居中,常规耕作最低。从表 9-3 中可知,不同措施的叶面积指数模拟结果和田间实测结果在总体上表现出较好的一致性,其 ARE 介于 5.8% ~8.7% ,$RMSE$ 值介于 0.011 ~0.169,$RRMSE$ 介于 0.9% ~6.2% ,$RRMSE$ 分别为:秸秆还田 0.4% ,常规耕作 0.9% ,有机肥 5.7% ,深松 6.2% 。

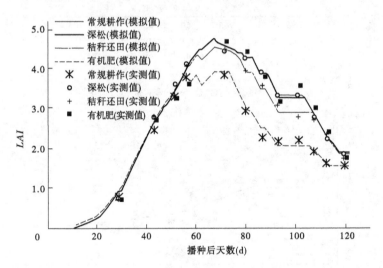

图 9-2　玉米叶面积指数模拟值与实测值的比较

9.1.7.3　生物量模拟

玉米生物量的模拟值与实测值对比如图 9-3 所示,玉米生物量的模拟值与实测值非常接近,且玉米前期生物量各措施中差异不显著。随玉米生育期的推进,各措施地上生物量差逐渐增大,且以有机肥和深松处理明显高于其他处理,秸秆还田处理居中,常规耕作最低。模拟结果和田间实测结果一致性较好,其绝对相对误差 *ARE* 介于 2.0% ~ 6.2%,*RMSE* 值介于 306 ~ 419 kg/hm²,*RRMSE* 介于 1.7% ~ 2.7%,*RRMSE* 分别为:有机肥 3.1%,深松 4.2%,秸秆还田 4.3%,常规耕作 5.3%(见表 9-3)。

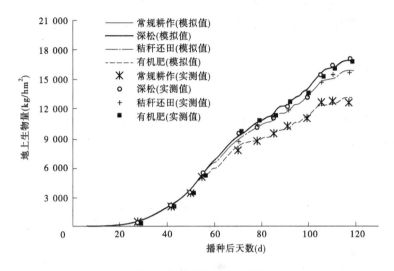

图 9-3　玉米生物量模拟值与实测值的比较

表 9-3　叶面积和地上部生物量率定的 *ARE*、*RMSE* 和 *RRMSE*(2013 年)

处理	叶面积指数					生物量				
	实测值	模拟值	*ARE*(%)	*RMSE*	*RRMSE*(%)	实测值(kg/hm²)	模拟值(kg/hm²)	*ARE*(%)	*RMSE*(kg/hm²)	*RRMSE*(%)
常规耕作	3.96	3.73	5.8	0.021	0.9	15 752	14 915	5.3	419	5.3
深松	4.94	4.51	8.7	0.184	6.2	17 250	16 904	2.0	413	4.2
秸秆还田	4.66	4.31	7.5	0.011	0.4	16 875	15 833	6.2	399	4.3
有机肥	4.83	4.53	6.2	0.169	5.7	17 625	17 258	2.1	306	3.1

9.1.7.4　产量模拟

不同措施玉米产量的模拟值和实测值如表 9-4 所示。2013 年常规耕作、深松、秸秆还田及有机肥处理产量的 *RMSE* 分别为 433 kg/hm²、412 kg/hm²、1 288 kg/hm²、584 kg/hm²,模型的 *ARE* 分别为 5.8%、4.5%、14.9%、4.5%,*RRMSE* 分别为 6.2%、4.9%、15.1%、6.7%,除秸秆还田处理外,其他措施的产量模拟值与实测值一致性较佳。不同处理产量实测值表现为:有机肥 > 秸秆还田 > 深松 > 常规耕作,模拟的产量表现为:秸秆还田 > 有机肥 > 深松 > 常规耕作,说明不同处理间玉米产量的实测值与模拟值变化趋势存在一定差异。

表9-4　不同处理玉米产量观测值与模拟值统计对比（2013年）

处理	实测值（kg/hm²）	模拟值（kg/hm²）	ARE（%）	RMSE（kg/hm²）	RRMSE（%）
常规耕作	6 940	6 540	5.8	433	6.2
深松	8 422	8 045	4.5	412	4.9
秸秆还田	8 542	7 265	14.9	1 288	15.1
有机肥	8 653	8 088	6.5	584	6.7

9.1.8　模型验证

9.1.8.1　土壤水分动态模拟验证

　　从表9-5中可知,经过验证,利用 DSSAT 模型对常规耕作、深松、秸秆还田和有机肥处理土壤剖面分层土壤水分（0~100 cm）的模拟结果与实测值相近,其 RMSE 值介于0.005~0.069 cm³/cm³,模型的 ARE 分别介于2.3%~5.1%,随土层的加深模拟结果更佳。

表9-5　不同处理水分动态的 DSSAT 模拟值与实测值的 RMSE 误差（2015年）

处理	0~10 cm	10~20 cm	20~30 cm	30~40 cm	40~50 cm	50~60 cm	60~70 cm	70~80 cm	80~100 cm
常规耕作	0.069	0.025	0.020	0.007	0.013	0.005	0.006	0.004	0.016
深松	0.056	0.038	0.032	0.012	0.025	0.014	0.009	0.008	0.023
秸秆还田	0.048	0.037	0.030	0.012	0.008	0.011	0.009	0.008	0.005
有机肥	0.038	0.016	0.033	0.006	0.006	0.011	0.004	0.005	0.014

　　以常规耕作土壤水分观测值与模拟值进行验证,如图9-4所示。2015年的土壤水分实测值与模拟值的误差较小,且随土层的加深实测值与模拟值更为接近。0~40 cm 以上土层的土壤水分玉米不同生育期的波动较大,但实测值与模拟值具有较佳的一致性。说明 DSSAT 模型对水分的模拟验证效果较佳。

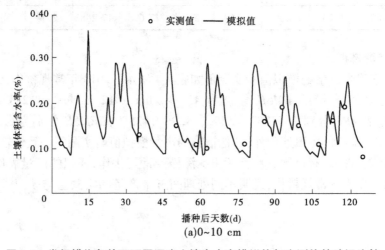

图9-4　常规耕作条件下不同深度土壤含水率模拟值与实测值的验证比较

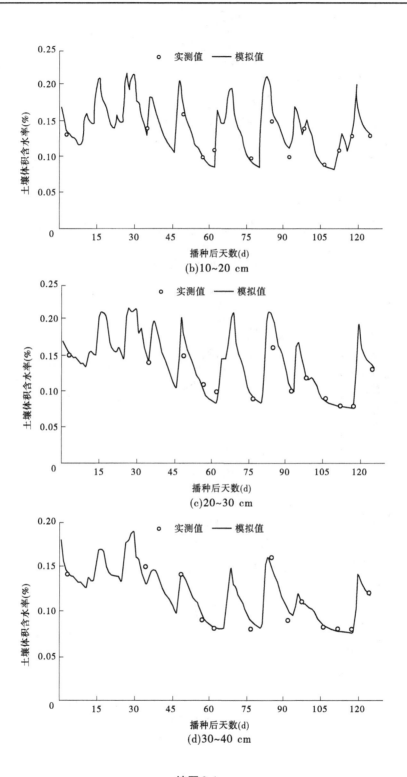

(b)10~20 cm

(c)20~30 cm

(d)30~40 cm

续图 9-4

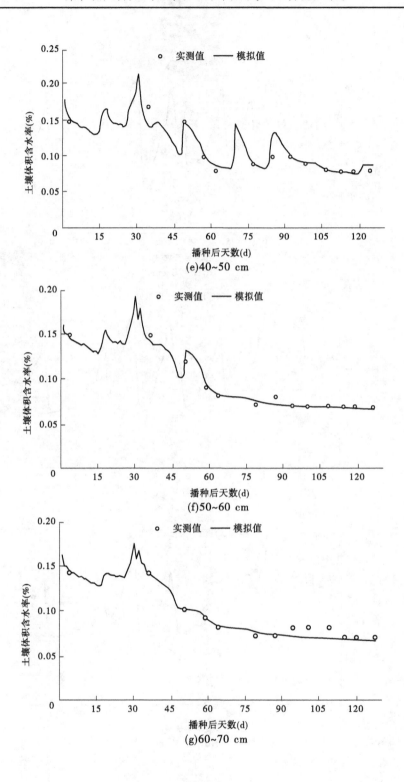

(e)40~50 cm

(f)50~60 cm

(g)60~70 cm

续图9-4

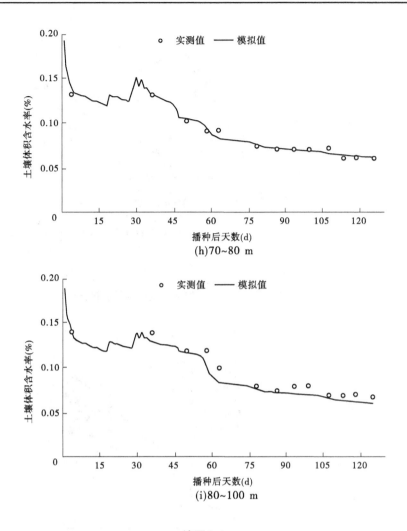

(h)70~80 m

(i)80~100 m

续图 9-4

9.1.8.2　叶面积指数模拟

从图 9-5 中可知,2015 年的玉米叶面积的观测值与模拟值十分接近,且叶面积指数仍以有机肥和深松处理明显高于其他处理,秸秆还田处理居中,常规耕作最低。其 *ARE* 介于 3.6% ~7.6%,*RMSE* 值介于 0.062 ~0.079,*RRMSE* 介于 2.5% ~3.3%,观测值与实测值均达到了极好水平(见表 9-6)。

9.1.8.3　生物量模拟

从图 9-6 中可知,2015 年玉米生长过程中的地上生物量观测值与模拟值仍保持较高的一致性,且地上生物量仍以有机肥和深松处理明显高于其他处理,秸秆还田处理居中,常规耕作最低。其 *ARE* 介于 2.6% ~5.3%,*RMSE* 值介于 282 ~621 kg/hm^2,*RRMSE* 介于 3.0% ~7.3%,观测值与实测值仍达到了极好水平(见表 9-6)。

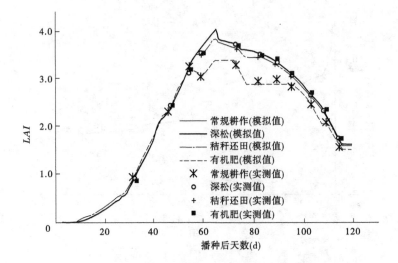

图 9-5 玉米叶面积指数模拟值与实测值的验证比较

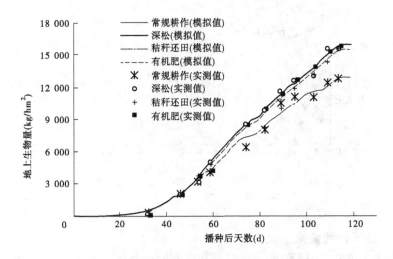

图 9-6 玉米生物量模拟值与实测值的验证比较

表 9-6 不同处理叶面积和地上部生物量观测值与模拟值统计比较（2015 年）

处理	叶面积指数					生物量				
	实测值	模拟值	ARE (%)	RMSE	RRMSE (%)	实测值 (kg/hm²)	模拟值 (kg/hm²)	ARE (%)	RMSE (kg/hm²)	RRMSE (%)
常规耕作	3.28	3.07	6.4	0.072	3.2	13 532	12 871	4.9	578	7.3
深松	3.94	3.64	7.6	0.071	2.9	15 101	15 904	5.3	621	6.6
秸秆还田	3.36	3.48	3.6	0.079	3.3	15 881	15 475	2.6	560	6.2
有机肥	3.93	3.65	7.1	0.062	2.5	15 301	15 951	4.2	282	3.0

9.1.8.4　产量构成模拟

不同措施玉米产量的模拟值和实测值相近(见表9-7)。2015 年常规耕作、深松、秸秆还田及有机肥处理产量的 $RMSE$ 分别为 872　kg/hm²、101　kg/hm²、453　kg/hm²、501 kg/hm²,模型的 ARE 分别为 12.4%、0.8%、5.5%、6.8%;$RRMSE$ 分别为 12.6%、1.3%、5.7%、6.9%。深松的处理产量率定效果较其他措施更佳。不同处理产量实测值表现为:秸秆还田 > 深松 > 有机肥 > 常规耕作,模拟的产量表现为:秸秆还田、有机肥、深松 > 常规耕作,说明不同处理间玉米产量的实测值与模拟值变化趋势基本一致。

表 9-7　不同处理产量观测值与模拟值统计对比(2015 年)

处理	实测值(kg/hm²)	模拟值(kg/hm²)	ARE(%)	$RMSE$(kg/hm²)	$RRMSE$(%)
常规耕作	6 902	6 048	12.4	872	12.6
深松	7 638	7 700	0.8	101	1.3
秸秆还田	7 993	7 554	5.5	453	5.7
有机肥	7 214	7 708	6.8	501	6.9

此外,产量模拟值与实测值相关性较佳(见图9-7),二者的回归方程线性斜率为0.964 2 (P <0.001),R^2 为 0.541 6,说明不同耕作处理下的作物模拟产量与实测产量较一致。

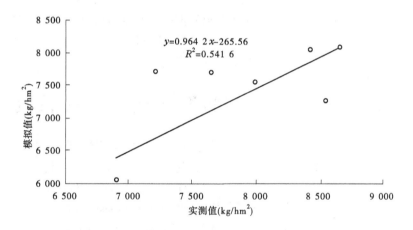

图 9-7　不同处理的产量模拟值与实测值相关关系

9.1.9　结论与讨论

有研究表明,DSSAT 模型可较好地模拟豫西褐土旱作区小麦生长发育及土壤水分动态变化过程,其在豫西旱作区具有良好的适宜性,可为该地区的保护性耕作研究提供理论支持。而对玉米而言,本研究发现,DSSAT 模型对玉米生长过程中的叶面积指数、生物量、土壤水分动态及玉米产量等的模拟中,其模拟值与实测值仍表现出较佳的一致性,ARE 和 $RRMSE$ 较小,特别是在对深松条件下玉米产量的模拟值与实测值 ARE 仅为 0.8%,$RRMSE$ 为 1.3%。从整个模拟而言,DSSAT 模型能够较佳地模拟不同耕作保墒与土壤改良措施对玉米的影响。

长期保护性耕作和土壤改良措施会对作物生长及土壤水分环境产生重要影响,主要是因为长期进行不同保护性耕作会对土壤剖面结构及物理特性产生一定影响,进而影响作物的生长环境及其产量构成。因此,要对保护性耕作和土壤改良措施影响作物生长及其水分动态变化过程进行科学的分析与评价,需要从不同措施引起的土壤物理性质变化来分析作物生长状况及产量的差异,这样才能够更为合理地应用 DSSAT 模型来预测和评价长期保护性耕作与土壤改良措施对作物生长及农田环境产生的影响。相关研究表明,DSSAT 模型对水分亏缺条件下玉米的生长发育模拟不够准确,因此模型在水分亏缺情况下需要改进,而对于水分较为充足时,模拟效果较佳。本研究发现,在豫西旱作区,玉米生长季节降雨量较为充足,出现水分胁迫的概率较低,本研究选用 2013 年和 2015 年玉米生长季节降水量较为充分的年份的观测数据进行模型的率定与验证,其均达到了可信的误差范围,模拟值和实测值较一致,不同措施不同年份产量的模拟值和实测值相近,尤其是深松耕作模拟精度更高。而秸秆还田处理虽然率定时的误差大于其他处理,而其验证结果较佳,而常规耕作正好相反。说明长期不同耕作措施在 DSSAT 模型的率定与验证中存在一定的差异,而长期深松耕作对模型的率定与验证响应效果最佳。但在水分亏缺情况下如何需要进一步研究。

在模型模拟与实际观测中发现,深松和有机肥处理对于玉米生长及产量的提高幅度大于其他处理。在 2013 年,玉米实测产量与模拟产量的增产趋势一致,均以有机肥处理最高,其实测值较常规耕作处理提高了 24.7%。而在 2015 年,玉米产量实测产量与模拟产量的增产趋势有所差异,模拟值仍以有机肥处理增产幅度最大,而实测产量则以秸秆还田处理最高,较常规耕作处理提高了 15.8%。说明长期定位试验均具有明显的增产效果,但不同年限增产幅度与不同措施之间存在一定的差异。

9.2　冬小麦耕作管理的 RZWQM2 模型校验

RZWQM2 是兼容了 DSSAT 模型的混合模型。由于 RZWQM2 模型中涉及的参数较多,包含土壤参数、作物参数和养分参数等,而有些参数不容易获得,因此需利用大田试验获得的实测数据对 RZWQM2 模型进行率定和验证。其中,土壤参数中包含土壤饱和含水量、导水率、田间持水量和永久萎蔫点等参数,模型中利用 Brooks - Corey 方程估算土壤水力学参数。作物参数包括春化敏感系数(PIV)、光周期敏感系数(PID)、灌浆期特性系数(P5)、籽粒数特性系数(G1)、标准籽粒重系数(G2)、成熟期单株茎穗重系数(G3)和出叶间隔特性参数(PHINT)参数。这些参数不易获得,需要通过比较产量实测值和模拟值的差异来对作物参数进行校验。养分参数主要包含了 5 种碳库之间的转化系数、氮素硝化和反硝化系数和残茬碳氮比等参数,通过调整这些参数,使土壤中硝态氮的实测值与模拟值达到模型模拟精度要求所在的范围内。本章主要利用传统耕作、免耕、深松和双季秸秆还田处理下 2011 ~ 2015 年冬小麦季土壤分层水分和土壤表层有机碳、2014 ~ 2016 年冬小麦季分层硝态氮的实测数据对 RZWQM2 进行土壤水分和养分模块的率定与验证。

9.2.1　材料与方法

9.2.1.1　RZWQM2 模型率定和验证流程介绍

RZWQM2 模型中需要输入的最少数据包括气象数据、土壤数据、作物数据和管理数据。首先,收集试验地的气象、土壤和施肥、灌水和耕作措施等试验数据,构建 RZWQM2 模型数据库,运行模型并输出土壤水分和作物产量;第一次调参主要率定土壤分层水分和产量,并不涉及氮素校验;在第一次调参基础上,再次率定土壤水分并对土壤分层硝态氮和土壤表层有机碳进行率定并验证,比较分析土壤水分、硝态氮含量、土壤有机碳和冬小麦产量实测值与模拟值,通过调整参数,使模拟值与实测值达到允许范围内,率定参数顺序按照先水分后养分的顺序进行率定。其次,利用不同年份的土壤水分、硝态氮含量及作物产量的实测数据对模型进行验证,用不同处理的表层有机碳实测数据对土壤有机碳进行验证,通过调整参数,使模拟值与实测值达到允许范围,最终,利用 RZWQM2 模型模拟所设置的情景(见图9-8)。

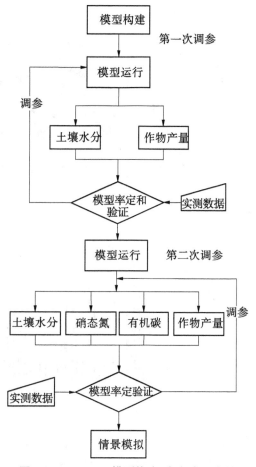

图 9-8 RZWQM2 模型构建、率定验证流程

9.2.1.2 RZWQM2 模型数据库组建

RZWQM2 模型需要输入河南省禹州市逐日气象数据、土壤分层数据、作物相关参数及农田管理数据。本研究主要研究耕作措施对土壤水碳氮分布的影响。因此,除需要气象、土壤数据外,构建管理数据库时,需要设置传统耕作、免耕、深松和双季秸秆还田 4 种处理。

1. 气象数据

2011～2014 年逐日气象数据从中国气象科学数据共享服务网(http://cdc.nmic.cn/home.do)获取,2015～2016 年逐日气象数据从河南省禹州市气象局获得,包括降水量、最低气温、最高气温、风速、相对湿度和日照时数。2011～2016 年降水量、最低温、最高温及太阳辐射逐日气象数据如图9-9 所示。

2. 土壤数据

试验地区土壤饱和导水率(K_s)、田间持水量(FC)、永久萎蔫点(PWP)等土壤水力学参数为田间实测数据(见表9-8),其他土壤数据主要来自《河南土壤》,土壤养分模块参数主要包括有机质库的转化率、氮素转化系数和残茬分解快慢的比例等。其中土壤碳库分为 3 种有机质库,分别为分解速度慢、中等和分解速度快的有机质库。RZWQM2 模型中的微生物库与土壤 C/N 转化密切相关,根据微生物特点分为自养微生物库、需氧异养微生物库和厌养异养微生物库。本研究中无微生物数据库数据,利用历史气象数据耕作管

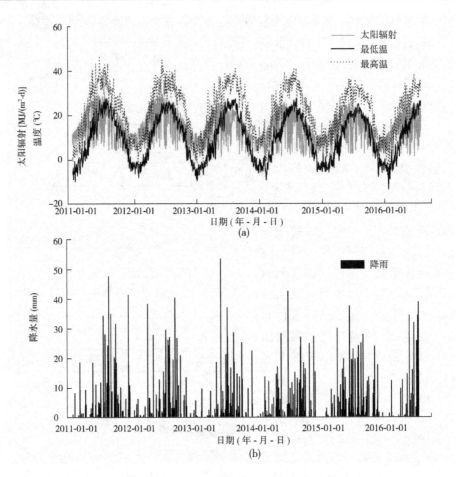

图 9-9　2011～2016 年禹州市逐日气象数据

理下的稳定微生物数据库作为输入数据。

表 9-8　土壤分层物理性质参数数据

土壤深度(cm)	容重(g/cm³)	饱和含水率(%)	田间持水量(%)	凋萎系数(%)	导水率(cm/h)
0～20	1.10	51.6	30.5	11.2	0.25
20～40	1.39	45.2	25.4	9.8	0.07
40～60	1.47	48.2	25.5	10.4	0.10
60～80	1.52	49.3	26.6	9.2	0.10
80～100	1.52	47.4	24.9	10.3	0.14

3. 作物参数

小麦品种参数包括春化敏感系数(PIV)、光周期敏感系数(PID)、灌浆期特性系数(P5)、籽粒数特性系数(G1)、标准籽粒重系数(G2)、成熟期单株茎穗重系数(G3)和出叶间隔特性参数(PHINT)。查阅文献选取与试验区冬小麦最接近的作物品种参数作为初始值,其他参数采用 RZWQM2 模型默认值。

4. 农田管理数据

农田管理数据包括播种和收获日期、种植密度、灌水和施肥管理等数据(见表 9-9)。

耕作是重要的农业管理措施之一,RZWQM2 模型可以设置两种类型的耕作措施:一种是主要的耕作措施,如旋耕机、深松机等的耕作,其耕作深度较深,松土效果显著;另一种是次要的耕作措施,如耙耕、播种等措施,其耕作深度较浅。用户可根据试验实际情况设置耕作措施、耕作时间并选择适宜的农用器具(见图 9-10)。

表 9-9　RZWQM2 中农田管理数据

年份	小麦品种	播种量 (seeds/m^2)	灌水量 (mm)	施肥量 (kg/hm^2)	播种日期 (年-月-日)	收获日期 (年-月-日)
2011～2012	矮抗58	326	60	225	2011-10-05	2012-06-02
2012～2013	矮抗58	326	60	225	2012-10-07	2013-06-08
2013～2014	矮抗58	326	60	225	2013-10-04	2014-05-30
2014～2015	矮抗58	326	—	225	2014-10-03	2015-06-04
2015～2016	矮抗58	326	—	225	2015-10-09	2016-05-30

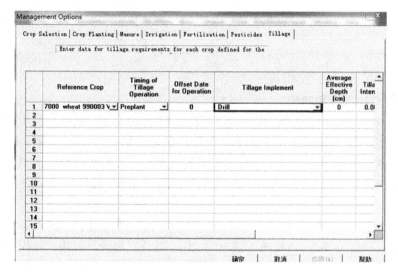

图 9-10　RZWQM2 模型中耕作设置界面

9.2.2　RZWQM2 模型调参

RZWQM2 模型中需要率定的参数主要包括土壤水分、作物生长和氮素平衡等模块相关参数。由于土壤水分、氮素迁移转化和作物生长相互作用,模型率定时采用试错法和 RZWQM2 模型中自带的 PEST 软件相结合的方法,按照先土壤水分模块后氮素平衡模块的先后顺序依次进行率定。本研究的主要内容是研究不同耕作措施对土壤水碳氮分布的影响。因此,率定的主要模块是土壤水分、养分和作物生长模块。

9.2.2.1　第一次率定和验证

RZWQM2 模型第一次率定不涉及氮素调参,主要通过 RZWQM2 模型自带的 PEST 软件和手动试错法相结合的方法对作物参数进行调参,对土壤水分采用试错法(手动调参)进行调参。

在构建 RZWQM2 模型基础上,利用 RZWQM2 模型自带的 PEST 软件对小麦作物品调参,自动调参结束后,再用手动调参进行微调,作物参数调参结果如表9-10所示。模型调参过程中以2013～2014年传统耕作、深松、免耕和双季秸秆还田处理下的土壤分层含水率作为拟合目标,通过手动调节土壤饱和导水率、田间持水量和永久萎蔫点的水力学参数,采用不断迭代方法比较分析RZWQM2模型模拟的土壤分层含水率与实测值的差别,最终保证模型土壤分层水分率定结果在允许误差范围内。

在模型率定的基础上,用2011～2012年传统耕作、免耕、深松和双季秸秆还田处理下的分层土壤水分、生物量和作物产量进行验证。

表9-10　冬小麦作物品种遗传参数

参数	单位	范围	调整后数值	定义
PIV	d	0～90	48.73	春化敏感系数
PID	%/h	0～300	23	光周期敏感系数
P5	℃·d	300～800	491.3	灌浆期特性系数
G1	#/g	10～35	22.2	籽粒数特性系数
G2	mg	30～70	52.81	标准籽粒重系数
G3	g	1～3	1.924	成熟期单株茎穗重系数
PHINT	℃·d	70～95	89.58	出叶间隔特性系数

9.2.2.2　第二次率定和验证

在第一次率定的基础上,将RZWQM2模型在该试验设置下运行15年,保证RZWQM2模型中5个碳库和3种微生物库保持稳定。第二次率定包含了对土壤水分和养分模块的率定,两次率定小麦品种相同,因此小麦品种参数采用第一次率定的参数。

在水分调参的基础上,以2014～2015年不同耕作措施(传统耕作、免耕、深松和双季秸秆)下小麦季不同生育期土壤分层水分、硝态氮含量及作物产量作为拟合目标,通过RZWQM2模型自带的PEST软件自动调参,调参结束后再次用手动试错法调整氮素转化系数及有机质碳库等参数,最终使土壤水分、土壤硝态氮含量及作物产量模拟值与实测值在允许误差范围内。土壤有机碳的率定采用2011～2015年传统耕作和免耕处理土壤表层有机碳的实测数据进行率定。

在参数率定的基础上,利用2011～2015年的传统耕作、免耕、深松和双季秸秆还田处理的分层土壤水分、生物量和作物产量进行验证。利用2015～2016年传统耕作、免耕、深松和双季秸秆还田处理的分层硝态氮含量对RZWQM2模型进行验证。土壤有机碳的验证采用2011～2016年深松耕作和双季秸秆处理实测数据进行验证。

9.2.3　模拟效果评价指标

模型输出的变量主要有逐日的土壤剖面体积含水率、地上部分生物量和作物产量。模型模拟效果采用均方根误差(*RMSE*)、相对误差(*MRE*)和标准化均方根误差(*nRMSE*)三个统计指标来评价,其中*RMSE*主要反映模拟效果的绝对无偏性和极值效应,*MRE*主要反映模拟效果的相对无偏性。

$$RMSE = \sqrt{\sum_{i=1}^{N} \frac{(P_i - O_i)^2}{N}} \tag{9-5}$$

$$MRE = \frac{1}{N}\sum_{i=1}^{N}\left|\frac{P_i - O_i}{O_i}\right| \times 100\% \qquad (9\text{-}6)$$

$$nRMSE = \frac{RMSE}{M} \qquad (9\text{-}7)$$

式中　$RMSE$——均方根误差；

　　　MRE——平均相对误差；

　　　N——物理量实测总个数；

　　　P_i——模拟值；

　　　O_i——实测值；

　　　M——实测平均值。

一般认为 $RMSE$ 值越小，MRE 趋近于 0，效果越好。

$nRMSE$ 可用来判读多种指标模拟效果，取值范围 0~1，当 $nRMSE < 10\%$，模拟效果"很好"，$10\% \leqslant nRMSE < 20\%$，模拟效果"好"，$20\% \leqslant nRMSE < 30\%$，模拟效果"中等"，$nRMSE \geqslant 30\%$，模拟效果"差"。

9.2.4　第一次率定验证结果

9.2.4.1　模型率定结果

经过率定，RZWQM2 模型对传统耕作、免耕和深松耕作土壤剖面分层土壤水分(0~100 cm)的模拟结果与田间实测值相近(见图 9-11)，其 $RMSE$ 分别介于 0.010~0.019 cm³/cm³、0.009~0.023 cm³/cm³ 和 0.011~0.025 cm³/cm³，模型的相对误差 MRE 分别介于 4.1%~11.2%、4.3%~13.4% 和 4.4%~14.3%。深松处理较免耕和传统耕作模拟效果较差，尤其在 20 cm 和 40 cm 位置，其 $RMSE$ 分别为 0.025 cm³/cm³ 和 0.024 cm³/cm³，MRE 分别为 12.4% 和 14.3%，这可能是由于试验地区 20~40 cm 处存在犁底层影响了土壤水分运移。另外，传统耕作、免耕和深松处理的模拟结果均显示，表层土壤(10~40 cm)受降雨或灌溉影响明显，土壤水分波动较大，而深层(60~100 cm)土壤水分变化波动平缓。

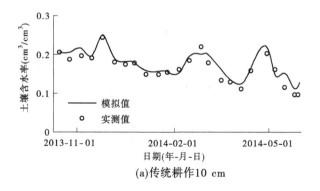

(a)传统耕作10 cm

图 9-11　传统耕作、免耕分层土壤含水量实测值与模拟值对比

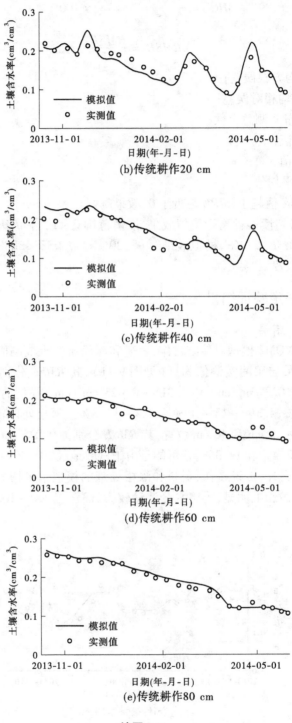

(b)传统耕作20 cm

(c)传统耕作40 cm

(d)传统耕作60 cm

(e)传统耕作80 cm

续图9-11

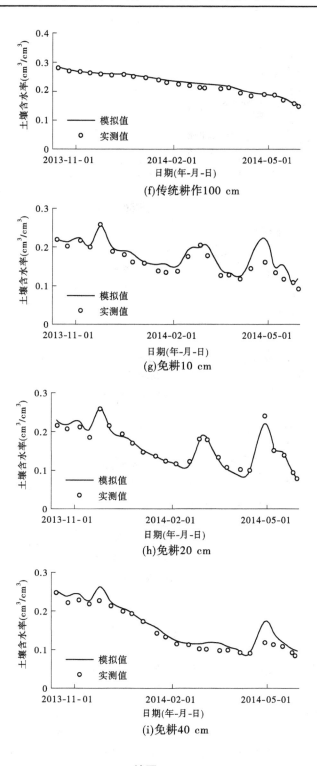

(f)传统耕作100 cm

(g)免耕10 cm

(h)免耕20 cm

(i)免耕40 cm

续图 9-11

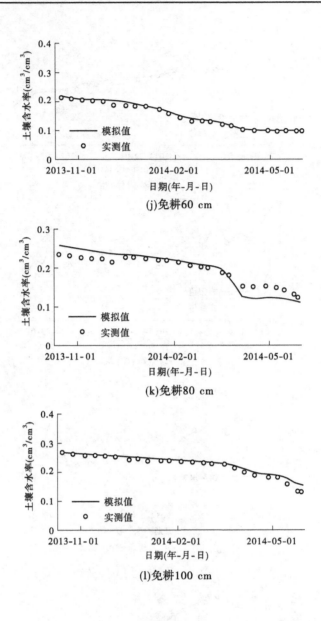

续图 9-11

RZWQM2 模型对传统耕作、免耕和深松处理地上部生物量和产量的模拟值和实测值相近(见表 9-11),其中不同耕作处理地上部生物量的 *RMSE* 分别为 1 524.4 kg/hm²、864.0 kg/hm² 和 1 189.0 kg/hm²,模型的相对误差 *MRE* 分别为 9.7%、7.8% 和 10.7%;产量的 *RMSE* 分别为 382.2 kg/hm²、28.6 kg/hm² 和 426.8 kg/hm²,*MRE* 分别为 6.6%、0.5% 和 7.1%。其中深松的地上部生物量和产量率定效果较差。

表9-11 地上部生物量和产量率定的 *RMSE* 和 *MRE*

试验处理	地上部生物量(kg/hm²)				产量(kg/hm²)			
	模拟值	实测值	*RMSE*	*MRE*(%)	模拟值	实测值	*RMSE*	*MRE*(%)
传统耕作	10 301	11 372	1 524.4	9.7	6 166	5 784	382.2	6.6
免耕	10 112	10 976	864.0	7.8	6 076	6 048	28.6	0.5
深松	9 827	11 016	1 189.0	10.7	5 524	5 950	426.8	7.1

9.2.4.2 模型验证结果

模型验证中,RZWQM2 模型对传统耕作、免耕和深松耕作处理下不同深度分层含水率模拟的 *RMSE* 值分别介于 0.018 ~ 0.053 cm³/cm³、0.005 ~ 0.031 cm³/cm³ 和 0.014 ~ 0.054 cm³/cm³,相对误差 *MRE* 分别介于 9.3% ~ 33.4%、2.1% ~ 15.5% 和 4.7% ~ 19.6%。其中模型对免耕土壤分层水分整体模拟效果最好,但从免耕不同土层比较,模拟效果最差的出现在免耕的表层 0 ~ 10 cm 处[见图 9-12(a)],测量值出现了几个偏差较大的点,可能是土壤的时空变异造成的。房全孝等和孙怀卫等在模拟土壤水分随深度的变化时,也发现由于土壤的表层属性变化会造成模拟时较大误差,且土壤水分的模拟效果随着土壤深度的增加可逐步改善,这与本研究结果一致。

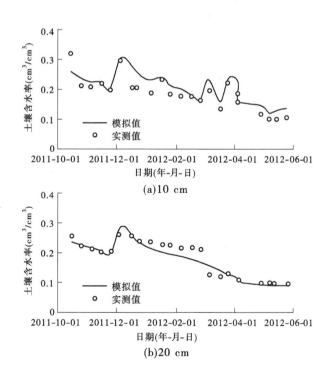

(a)10 cm

(b)20 cm

图 9-12 免耕分层土壤含水量实测值与模拟值对比

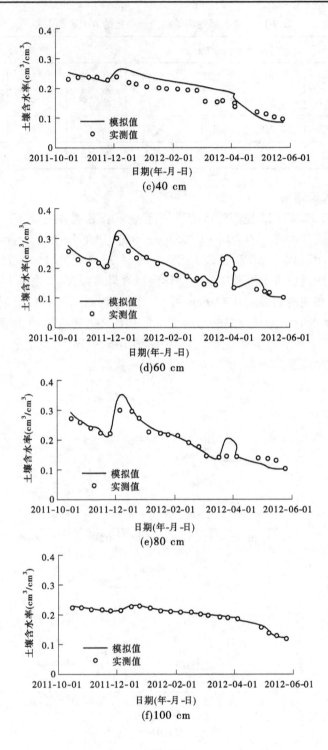

(c)40 cm

(d)60 cm

(e)80 cm

(f)100 cm

续图 9-12

RZWQM2 模型对传统耕作、免耕和深松地上部生物量验证过程中其 *RMSE* 分别为 645.2 kg/hm²、1 512 kg/hm² 和 1 864 kg/hm²（见表9-12）。另外，模型对深松耕作产量的模拟效果较差，其 *RMSE* 为 224.8 kg/hm²。总体来看，模型对传统耕作、免耕和深松的验证效果稍逊率定结果。此外，模拟产量与实测产量具有较好的相关关系（见图9-13），回归方程线性斜率为 0.902 2（*P* < 0.001），R^2 为 0.815 7，这也表明耕作处理下作物产量模拟值和实测值较一致。

表9-12　不同处理观测值与模拟值统计对比

项目	传统耕作			免耕			深松		
	实测值	模拟值	*RMSE*	实测值	模拟值	*RMSE*	实测值	模拟值	*RMSE*
0～10 cm 土壤水分（cm³/cm³）	0.183	0.189	0.031	0.186	0.208	0.031	0.190	0.164	0.052
产量（kg/hm²）	7 242.6	7 333.3	183.7	7 531.4	7 405.7	144.5	7 083.3	6 867.3	224.8
生物量（kg/hm²）	12 268	12 913	645.2	14 407	12 895	1 512	12 886	11 022	1 864

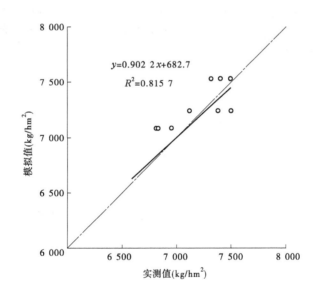

图9-13　传统耕作、免耕和深松处理产量模拟值和实测值对比

9.2.5　第二次率定验证结果

9.2.5.1　模型率定结果

在模型第一次率定的基础上，利用 RZWQM2 模型对不同耕作处理土壤剖面分层土壤水分（0～100 cm）进行率定。模拟结果表明，传统耕作、免耕、深松和双季秸秆与田间实测值相近，其 *RMSE* 分别介于 0.021～0.033 cm³/cm³、0.024～0.036 cm³/cm³、0.022～0.036 cm³/cm³ 和 0.026～0.037 cm³/cm³，模型的相对误差 *MRE* 分别介于 9.6%～

19.5%、10.3% ~ 14.8%、10.7% ~ 26.5% 和 10.1% ~ 17.5%。与第一次率定结果相同，由于试验地区 20 ~ 40 cm 存在犁底层，影响了土壤水分运移，导致传统耕作和免耕在 20 cm 和 40 cm 土层较土壤深层模拟效果差[见图 9-14(a)、(b)、(f) 和(g)]，其中，传统耕作处理 $RMSE$ 分别为 0.028 cm³/cm³ 和 0.033 cm³/cm³，MRE 分别为 13.6% 和 19.5%。另外，传统耕作、免耕、深松和双季秸秆处理的模拟结果均显示，表层土壤(0 ~ 40 cm)受降水或灌溉的影响明显，土壤含水率波动较大，而深层(60 ~ 100 cm)土壤含水率变化平缓。

RZWQM2 模型对传统耕作、免耕、深松耕作和双季秸秆还田处理下土壤分层硝态氮含量的率定效果不如水分好，但基本能够反映硝态氮变化的趋势，4 种耕作处理的 $RMSE$ 介于 1.55 ~ 6.41 mg/kg，其 $nRMSE$ 值均大于 30%。图 9-15 为传统耕作和免耕 0 ~ 100 cm 分层硝态氮模拟值和实测值的对比。总体来看，传统耕作和免耕耕层(0 ~ 40 cm)模拟效果均最差，在传统耕作措施下 0 ~ 20 cm 土层，模型高估了苗期的硝态氮含量，却低估了越冬期硝态氮含量，在 20 ~ 40 cm 土层，模型低估了冬小麦苗期和越冬期的硝态氮含量 33.1% 和 26.3%。在免耕措施下 0 ~ 20 cm 土层，模型高估了所有生育期土壤硝态氮含量。20 ~ 40 cm 处，模型低估了苗期硝态氮含量，却高估了冬小麦孕穗期、关键期和收获期土壤硝态氮含量。硝态氮总体率定效果较土壤水分相差很多，这是因为一方面模型率定的顺序一般是先水分后养分，模型对土壤硝态氮率定时将土壤水分率定的误差叠加到了土壤硝态氮率定的误差；另一方面土壤表层氮素转化复杂，RZWQM2 模型模拟硝态氮精度均比较低。此外，传统耕作和免耕处理在 0 ~ 60 cm 硝态氮含量波动较大，而 80 ~ 100 cm 硝态氮含量波动较缓。

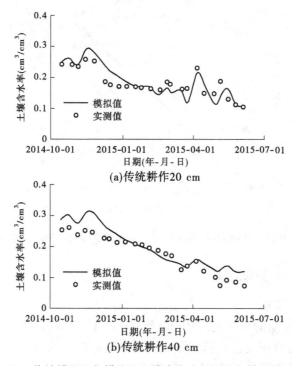

图 9-14　传统耕作和免耕分层土壤含水率实测值与模拟值对比

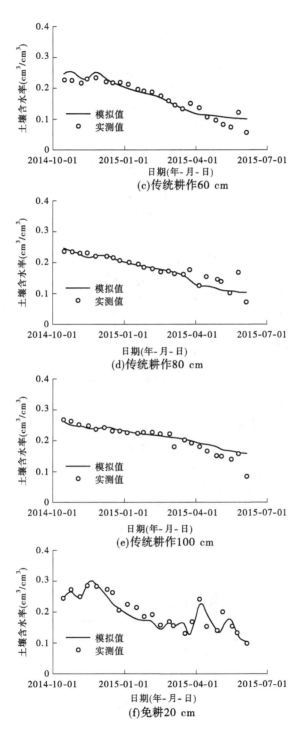

(c)传统耕作60 cm

(d)传统耕作80 cm

(e)传统耕作100 cm

(f)免耕20 cm

续图 9-14

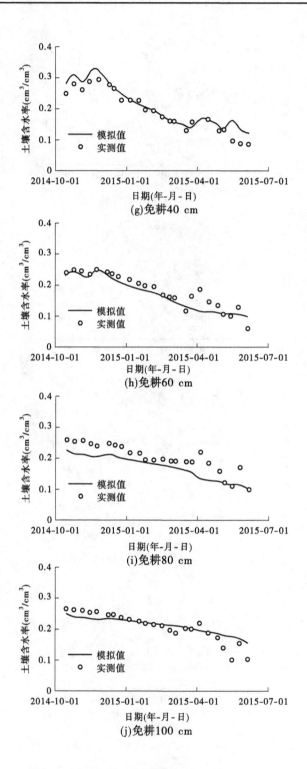

(g)免耕40 cm

(h)免耕60 cm

(i)免耕80 cm

(j)免耕100 cm

续图9-14

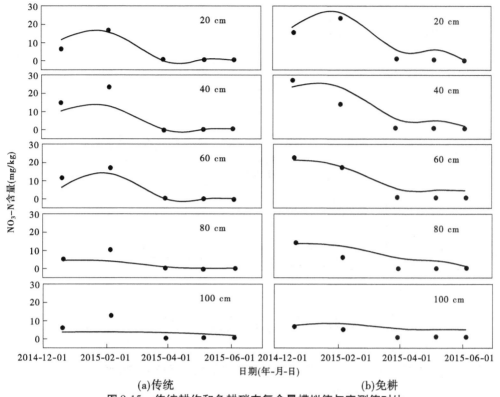

图 9-15　传统耕作和免耕硝态氮含量模拟值与实测值对比

在不同耕作土壤分层水分和硝态氮率定的基础上,利用 2011 ~ 2015 年传统耕作和免耕土壤表层有机碳实测数据对土壤有机碳进行率定,结果显示,传统耕作和免耕土壤有机碳含量实测值和模拟值率定结果为"好",其 *RMSE* 分别为 2.89 g/kg 和 2.15 g/kg,*nRMSE* 值分别为 19.5% 和 14.1%(见图 9-16)。模型虽低估了传统耕作和免耕下土壤有机碳的值,但总体能够反映传统耕作土壤有机碳下降趋势和免耕措施下土壤有机碳逐年上升的趋势。

传统耕作、免耕、深松耕作和双季秸秆还田处理地上部生物量的模拟值和实测值相近(见图 9-17),其 *RMSE* 分别为 847.0 kg/hm^2、1 065.9 kg/hm^2、784.6 kg/hm^2 和 607.7 kg/hm^2,相对误差 *MRE* 分别为 26.2%、19.8%、13.3% 和 27.3%;其 *nRMSE* 值介于 9.9% ~21.3%。其中,免耕模拟最差,其 *nRMSE* 为 21.3%,模型低估了免耕处理下冬小麦扬花期生物量 27.1%,高估了冬小麦灌浆期和收获期生物量 4.1% 和 11.0%。

传统耕作、免耕、深松和双季秸秆还田处理下冬小麦产量的 *RMSE* 分别为 365.0 kg/hm^2、359.6 kg/hm^2、1 577.2 kg/hm^2 和 144.2 kg/hm^2,*MRE* 分别为 4.2%、3.7%、16.5% 和 2.7%,*nRMSE* 分别为 4.5%、4.3%、16.5% 和 1.6%(见表 9-13)。其中,深松处理下冬小麦产量 *nRMSE* 的值最大,说明深松处理下冬小麦产量的模拟效果较差。

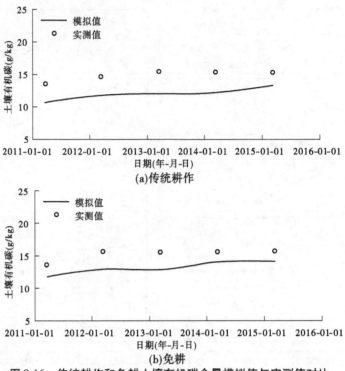

(a)传统耕作

(b)免耕

图 9-16　传统耕作和免耕土壤有机碳含量模拟值与实测值对比

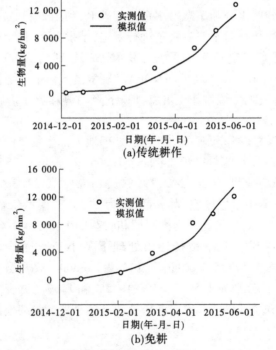

(a)传统耕作

(b)免耕

图 9-17　不同耕作处理冬小麦生物量实测值与模拟值对比

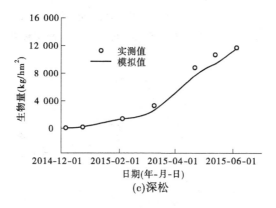

(c)深松

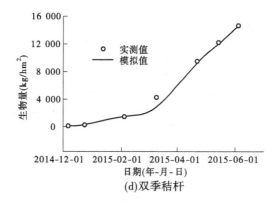

(d)双季秸秆

续图 9-17

表 9-13 冬小麦产量率定的 RMSE、MRE 和 nRMSE

处理	产量				
	模拟值 （kg/hm²）	实测值 （kg/hm²）	RMSE （kg/hm²）	MRE （%）	nRMSE （%）
传统耕作	8 516.5	8 180.6	365.0	4.2	4.5
免耕	8 618.2	8 201.4	359.6	3.7	4.3
深松	7 966.0	9 542.4	1 577.2	16.5	16.5
双季秸秆	8 785.1	9 034.7	144.2	2.7	1.6

9.2.5.2 模型验证结果

模型验证中，RZWQM2 模型对传统耕作、免耕、深松和双季秸秆方式下不同深度分层含水率模拟的 RMSE 值分别介于 $0.015 \sim 0.032 \ cm^3/cm^3$、$0.024 \sim 0.035 \ cm^3/cm^3$、$0.021 \sim 0.036 \ cm^3/cm^3$ 和 $0.023 \sim 0.031 \ cm^3/cm^3$，相对误差 MRE 分别介于 $6.7\% \sim 15.5\%$、$13.3\% \sim 18.8\%$、$18.8\% \sim 22.8\%$ 和 $10.8\% \sim 19.6\%$，nRMSE 分别为 $9.0\% \sim 18.3\%$、$12.9\% \sim 19.0\%$、$10.9\% \sim 19.8\%$ 和 $11.8\% \sim 19.2\%$。其中模型对免耕土壤分层水分整体模拟效果较好，但从免耕不同土层比较，模拟效果较差的出现在免耕的 $0 \sim 40$

cm 处,而随着土壤深度增加土壤水分模拟效果越好[见图 9-18(a)、(b)]。这与第一次率定和验证的结果相似,是由于土壤表层时空变异造成土壤表层模拟效果较差。

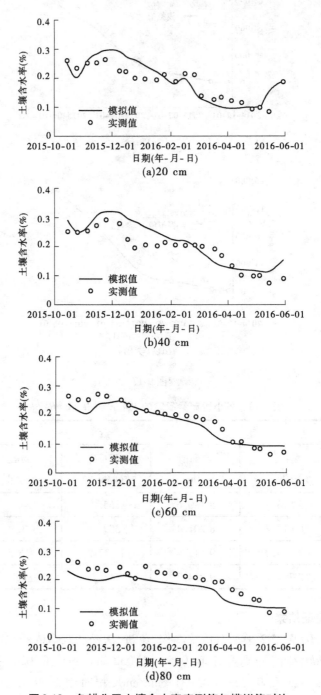

图 9-18　免耕分层土壤含水率实测值与模拟值对比

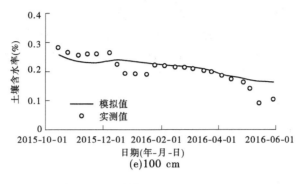

续图 9-18

RZWQM2 模型对传统耕作、免耕、深松和双季秸秆还田处理分层硝态氮含量验证效果明显比率定结果差,其 *RMSE* 介于 1.24~8.33 mg/kg,这与大多数研究相似,RZWQM 模型模拟硝态氮含量的模拟精度较低。图 9-19 是免耕分层硝态氮含量实测值与模拟值的对比,其 *RMSE* 介于 5.93~7.42 mg/kg,*nRMSE* 均大于 30%。0~20 cm 土层模型高估了冬小麦苗期和越冬期硝态氮含量 27.9% 和 22.3%,而低估了冬小麦拔节期、扬花期和成熟期的硝态氮含量。在土壤 60~80 cm 土层,模型低估了冬小麦苗期、越冬期、拔节期、扬花期、灌浆期和成熟期土壤硝态氮含量,其模拟效果最差。

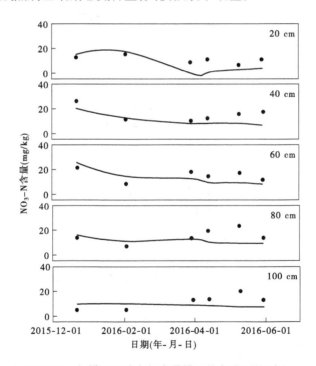

图 9-19 免耕分层硝态氮含量模拟值与实测值对比

与土壤有机碳率定结果相比,RZWQM2 模型对深松和双季秸秆还田处理土壤有机碳含量验证效果较差,其 *RMSE* 的值分别为 4.85 g/kg 和 4.32 g/kg,*nRMSE* 值分别为 32.3% 和 26.7%(见图 9-20)。模型低估了深松耕作和双季秸秆还田处理土壤有机碳,且对深松耕作土壤有机碳的验证效果最差,这与深松耕作下土壤分层水分和硝态氮含量率定、验证过程中误差较大有关。模型虽然能够模拟深松耕作和双季秸秆还田处理土壤有机碳逐年增加的趋势,但增加的幅度过于平缓,低估了保护性耕作提高土壤有机碳的能力。

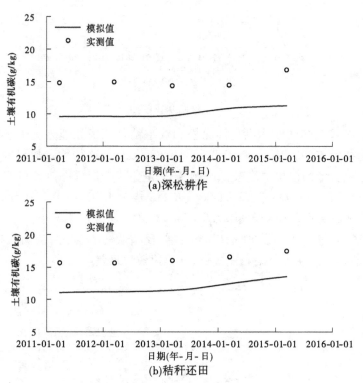

图9-20　深松和秸秆还田处理土壤有机碳含量模拟值与实测值对比

RZWQM2 模型对传统耕作、免耕、深松和双季秸秆还田处理冬小麦季地上部生物量验证过程中,其 *RMSE* 分别为 451.7 kg/hm², 476.9 kg/hm², 1 010.9 kg/hm² 和 517.6 kg/hm², *MRE* 介于 8.9% ~ 13.6%, *nRMSE* 介于 10.3% ~ 20.2%(见表6-7),模型分别低估了传统耕作和深松处理冬小麦收获期地上部生物量 8.4% 和 9.4%,高估了免耕和双季秸秆还田处理冬小麦收获期地上部生物量 6.6% 和 10.1%。不同耕作模拟效果相比,深松耕作的模拟效果最差。

冬小麦产量实测值和模拟值的 *RMSE* 值介于 172.3 ~ 1 093.4 kg/hm², *MRE* 介于 1.9% ~ 13.2%, *nRMSE* 值介于 2.3% ~ 13.4%(见表9-14)。总体来看,模型对传统耕作、免耕、深松和双季秸秆处理下生物量的验证效果达到了"好"的标准。不同耕作相比,深松耕作模拟效果最差,模型低估了深松耕作的实际产量。此外,模拟产量与实测产量的相关关系如图9-21所示,回归方程线性斜率为 0.68(*P* = 0.053), *R²* 为 0.57,这也表明 2015 ~ 2016年耕作处理下作物产量的模拟值明显低于实测值,这可能是由于 2015 ~ 2016 年降水量少,干旱胁迫较大,模型低估了作物实际抗旱的能力。

表 9-14 不同处理观测值与模拟值统计对比

变量	处理	实测值 (kg/hm²)	模拟值 (kg/hm²)	样本数	RMSE (kg/hm²)	MRE (%)	nRMSE (%)
产量	CT	6 909.7	6 231.3	3	697.6	10.0	10.0
	NT	7 604.2	7 254.7	3	458.0	5.6	6.0
	ST	8 159.7	7 051.3	3	1 093.4	13.2	13.4
	SS	7 534.7	7 714.4	3	172.3	1.9	2.3
生物量	CT	3 958.4	4 066	5	451.7	8.9	11.4
	NT	4 630.1	4 454	5	476.9	9.3	10.3
	ST	5 001.3	4 387	5	1 010.9	13.6	20.2
	SS	4 471.8	4 486	5	517.6	10.8	11.6

注:CT 为传统耕作,NT 为免耕,ST 为深松,SS 为深松秸秆。

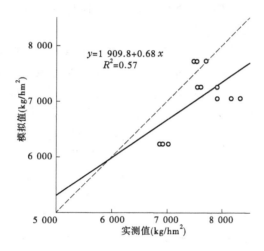

图 9-21 传统耕作、免耕、深松和双季秸秆
还田处理产量模拟值和实测值对比

9.2.6 讨论

Kumar et al. 认为,RZWQM2 模型可以模拟 4 种耕作方式(凿式犁、铧式犁、免耕和垄作)对土壤水分和硝态氮分布的影响。模拟结果表明,4 种耕作方式下土壤水分模拟值高于实测值,且模拟精度随土壤深度的增加而增加。房全孝等(2009)和孙怀卫等(2011)研究认为,土壤表层由于时空变异性,导致土壤表层水分模拟效果较差。本研究利用 RZWQM2 模型在率定和验证不同耕作措施下土壤分层水分过程中均发现土壤表层的模拟效果不如土壤深层,这与上述研究结果一致。薛长亮(2015)评价 RZWQM2 模型对作物产量、土壤剖面水分和硝态氮含量模拟效果,结果表明土壤剖面水分率定的均方根误差 RMSE 最高值为 0.019 cm³/cm³,平均相对误差 MRE 为 15.98%。李艳等(2015)对

RZWQM2 模型中的土壤水分、氮素和作物模块进行率定与验证,模型验证结果表明,各土层土壤含水率的均方根误差 RMSE 和相对误差 MRE 分别在 0.015 ~ 0.026 cm^3/cm^3 和 6.66% ~ 5.83% 变化,土壤储水量模拟值与实测值一致。本研究利用 RZWQM2 模型第一次率定土壤分层水分的均方根误差 RMSE 介于 0.010 ~ 0.025 cm^3/cm^3,相对误差 MRE 为 4.1% ~ 14.3%;第二次率定土壤分层水分的均方根误差 RMSE 介于 0.021 ~ 0.037 cm^3/cm^3,相对误差 MRE 为 9.6% ~ 19.5%。

RZWQM2 模型高估了免耕和铧式犁耕作的 $NO_3^- - N$ 含量,凿式犁、铧式犁、免耕和垄作下土壤剖面 $NO_3^- - N$ 含量峰值的模拟值和实测值相差较大,但整个剖面 $NO_3^- - N$ 含量平均值除垄作之外,其他 3 种耕作方式的模拟值和实测值接近。Ma et al. (2007) 基于 26 年的试验数据,利用 RZWQM2 模型模拟作物产量和水氮平衡,模拟结果显示,模型高估了土壤残留氮,其 RMSE 值为 47.0 kg/hm^2。薛长亮(2015)研究表明,利用 RZWQM2 模型模拟土壤剖面硝态氮 RMSE 值平均为 4.580 mg/kg,MRE 平均值为 52.63%。本研究利用 RZWQM2 模型对冬小麦生育期土壤剖面硝态氮进行率定和验证,结果表明,传统耕作、免耕、深松耕作和双季秸秆还田处理下硝态氮分层含量的率定和验证效果不如水分好,相对误差介于 1.55% ~ 8.33%,nRMSE 值均大于 30%,这与 Nangia et al. (2008) 研究认为硝态氮模拟的精度不高结果一致。

作物生物量和产量的形成与粒重、粒数、叶面积指数和水氮胁迫均有关系。CERES - Wheat 模型模拟产量形成时,对粒重和粒数模拟的误差较大。刘海涛等(2015)利用 RZWQM2 模型对作物产量、土壤剖面水分和硝态氮含量进行了率定与验证,结果表明,作物产量的均方根误差介于 310 ~ 551 kg/hm^2。房全孝等(2009)在禹城站和栾城利用 RZWQM - CERES 模型模拟作物冬小麦产量的均方根误差为 550 kg/hm^2 和 670 kg/hm^2。有研究表明,尽管每年的产量模拟值和实测值比较相近,但每年产量的模拟值与实测值效果一致性较差(玉米 R^2 = 0.52,大豆 R^2 = 0.37)。本研究发现,对冬小麦产量第二次验证过程中,虽然传统耕作、免耕、深松耕作和双季秸秆处理下小麦产量的均方根误差 RMSE 值不高,但模拟值和实测值相关性较差(R^2 = 0.57),模型低估了冬小麦产量。这可能是由于 2015 ~ 2016 年较干旱,模型高估了土壤水分胁迫,而低估了作物生物量和产量。

9.2.7　小结

(1)RZWQM2 模型对不同耕作措施土壤分层水分(0 ~ 100 cm)的模拟效果较好。土壤剖面分层水分第一次率定和验证的均方根误差 RMSE 分别介于 0.010 ~ 0.025 cm^3/cm^3 和 0.005 ~ 0.054 cm^3/cm^3;土壤剖面分层水分第二次率定和验证的均方根误差 RMSE 分别介于 0.021 ~ 0.037 cm^3/cm^3。其中,模型的率定结果优于验证结果,4 种耕作方式中深松耕作土壤水分模拟效果最差。

(2)RZWQM2 模型对不同耕作措施土壤剖面硝态氮(0 ~ 100 cm)和土壤表层有机碳的模拟效果较差。土壤剖面硝态氮率定和验证的均方根误差 RMSE 分别介于 1.55 ~ 6.41 mg/kg 和 1.24 ~ 8.33 mg/kg,nRMSE 值均大于 30%。土壤表层有机碳的率定(传统耕作和免耕)的均方根误差 RMSE 分别为 2.89 g/kg 和 2.15 g/kg,nRMSE 的值分别为 19.5% 和 14.1%,模型验证(深松耕作和双季秸秆还田)的均方根误差 RMSE 分别为 4.85

g/kg 和 4.32 g/kg, $nRMSE$ 值分别为 32.3% 和 26.7%。

（3）RZWQM2 模型对不同耕作冬小麦生物量和产量的模拟效果较好。冬小麦生物量和产量第一次率定和验证的均方根误差 $RMSE$ 值介于 864.0 ~ 1 864 kg/hm² 和 28.6 ~ 426.8 kg/hm²；冬小麦生物量和产量第二次率定和验证的均方根误差 $RMSE$ 值分别介于 451.7 ~ 1 065.9 kg/hm² 和 144.2 ~ 1 577.2 kg/hm²。

第 10 章　耕作方式转变对土壤水碳氮影响的模型模拟

　　水资源短缺、过量氮素损失和有机碳匮乏是限制我国农业可持续发展的主要因素。河南省不合理的耕作措施导致土壤结构破坏,土壤持水能力减弱,水土流失加剧,腾发量加强,有机碳减少,耕地质量下降。保护性耕作方式是一种先进的耕作措施,能够提高土壤蓄水保墒,增加土壤有机碳,防治氮素淋溶损失。大量研究表明,免耕、深松耕作及双季秸秆还田等保护性耕作能够提高土壤水分、全氮和有机碳含量,进而提高作物产量。目前,保护性耕作方式虽然得到了广泛的推广,但仍有农户采用传统耕作,那么传统耕作转变为保护性耕作方式后土壤水碳氮的分布如何变化? 保护性耕作方式有少耕、免耕、深松及免耕 + 秸秆还田等多种多样的形式,那么传统耕作转变为哪种方式效果更好呢? 此外,现有研究多采用大田试验方法,耕作试验周期长、难度大,系统研究耕作方式转变条件下水碳氮利用效果耗费人力物力,不利于研究的进一步开展,而模型模拟则提供了一种新方法。RZWQM2(Root Zone Water Quality Model)模型综合了气象、土壤、作物、管理等模块,采用系统分析方法和计算机模拟技术,克服了传统农业试验方法的缺陷,能够模拟各种因素对农田水氮过程的影响,Anapalli et al.(2005)和 Malone et al.(2003)已成功利用RZWQM2 研究了不同耕作措施对土壤 – 作物系统的影响。该模型已在华北平原等地区进行了有效的校验和成功的应用。

　　本章主要利用 RZWQM2 模型模拟传统耕作转变为免耕、免耕 + 秸秆、深松和深松 +秸秆后土壤 $0 \sim 100$ cm 土层储水量、土壤剖面水分分布、土壤剖面 $0 \sim 100$ cm 硝态氮积累量及土壤表层有机碳含量。分析耕作方式转变前后水氮动态平衡过程和水氮利用效率及土壤表层有机碳的变化,探明耕作方式转变后最佳的保水保肥措施,筛选耕作转变方式的最优方案,为保护性耕作方式推广提供科学依据。

10.1　耕作方式转变方案

　　以 2014 年传统耕作试验实测数据为初始条件,应用 2006 ~ 2014 年逐日气象数据模拟连续 8 年传统耕作方式下土壤水分、有机碳和硝态氮动态变化特征及作物产量,并以此作为耕作方式转变前的对照值。在此基础上,利用 2014 ~ 2015 年逐日气象数据模拟传统耕作转变为保护性耕作后土壤水、硝态氮动态变化及作物产量,进而比较耕作方式转变后土壤水氮的平衡过程及土壤表层有机碳变化,分析不同耕作转变模式下土壤水碳氮的演变特征。结合河南省保护性耕作措施实施情况,设置 4 种耕作转变模式:①传统耕作(conventional tillage, CT)转变为免耕(no – tillage, NT);②传统耕作转变为免耕 + 秸秆(6 000 kg/hm²)(no – tillage and straw mulching of 6 000 kg/hm², NT + S);③传统耕作转变为深松(subsoil tillage, ST);④传统耕作转变为深松 + 秸秆(6 000 kg/hm²)(subsoil tillage and straw mulching of 6 000 kg/hm², ST + S)。其中,传统耕作选择的器具为旋耕机,耕作深度为 15 cm;免耕选择的器具为免耕机,耕作深度为 0 cm;深松耕作选择的器具为深松机,耕作深度为 35 cm。

10.2　耕作方式转变对土壤水分的影响

10.2.1　小麦生长期内 0 ~ 100 cm 土层储水量变化

模型模拟结果表明,不同耕作处理冬小麦生育期内 0 ~ 100 cm 土壤储水量总体均呈减少趋势(见图 10-1)。传统耕作(CT)、免耕(NT)、免耕 + 秸秆(NT + S)、深松(ST)和深松 + 秸秆(ST + S)5 种耕作方式整个冬小麦生育期平均土壤储水量依次为 187.3 mm、193.6 mm、196.1 mm、184.3 mm 和 189.7 mm,与传统耕作相比,免耕、免耕 + 秸秆和深松 + 秸秆处理下 0 ~ 100 cm 土壤平均储水量分别增加 3.3%、4.6% 和 1.3%,而深松耕作处理并未明显增加。其中,与传统耕作相比,在小麦苗期和分蘖期免耕和免耕秸秆处理下 0 ~ 100 cm 土壤水分均有所增加,而深松和深松 + 秸秆处理略有降低,但在拔节期后,深松和深松 + 秸秆处理土壤储水量较传统耕作逐渐增加,扬花期、灌浆期和收获期分别增加 4.9% 和 8.2%、8.8% 和 10.0% 及 13.2% 和 13.0%。免耕和免耕 + 秸秆在孕穗期、扬花期和收获期较传统耕作分别提高 8.9% 和 1.1%、9.9% 和 3.1% 及 2.4% 和 3.1%。模拟结果表明免耕和免耕 + 秸秆具有较强的蓄水保墒效果。

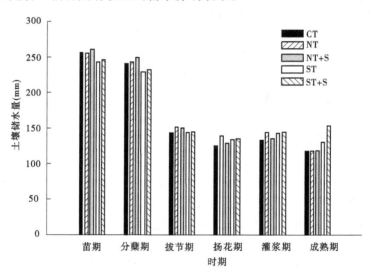

图 10-1　转变耕作方式后 0 ~ 100 cm 土壤储水量的变化

10.2.2　土壤剖面水分平衡分析

模型模拟的不同耕作处理土壤剖面水分平衡结果见表 10-1。农田水分的主要补给来源是降水,消耗项主要是土面蒸发和作物蒸腾。耕作方式转变前后 CT、NT、NT + S、ST 和

ST + S 处理的蒸发量和蒸腾量分别为 96.2 mm 和 239.0 mm、90.6 mm 和 245.4 mm、84.5 mm 和 250.2 mm、91.1 mm 和 217.2 mm、85.7 mm 和 223.1 mm,免耕 + 秸秆和深松 + 秸秆与对应的免耕和深松耕作相比,土壤蒸发量较小而作物蒸腾量较大,这也说明秸秆具有减少蒸发的作用。

表 10-1　耕作方式转变后剖面水分平衡结果

处理	降水（mm）	蒸发（mm）	蒸腾（mm）	渗漏（mm）	径流（mm）
CT	256.8	96.2	239.0	54.7	1.86
NT	256.8	90.6	245.4	49.5	1.29
NT + S	256.8	84.5	250.2	51.5	1.29
ST	256.8	91.1	217.2	60.4	15.0
ST + S	256.8	85.7	223.1	62.2	15.1

水分损失途径主要有地表径流和深层渗漏。CT、NT、NT + S、ST、ST + S 各处理下,农田年平均地表径流分别为 1.86 mm、1.29 mm、1.29 mm、15.0 mm 和 15.1 mm(见表 10-1),深松耕作和深松 + 秸秆处理径流量较其他处理较大。这可能是 RZWQM2 模型缺少表面储水计算功能,未考虑积水缓慢入渗造成的。另外,免耕和免耕 + 秸秆的径流量相同,深松耕作和深松 + 秸秆处理下径流量也无差别,说明 RZWQM2 在模拟径流量时,未考虑秸秆对径流的减弱作用。各耕作处理中水分渗漏量最大为 ST + S,这可能是 RZWQM2 考虑了深松耕作产生大孔隙造成的。NT 的渗漏量最小,具有明显的保墒作用。综合来看,CT、NT、NT + S、ST、ST + S 处理年度水分损失总量(地表径流 + 渗漏量)分别为 56.6 mm、50.8 mm、52.7 mm、75.4 mm 和 77.3 mm,大小依次为 NT < NT + S < CT < ST < ST + S。

传统耕作、免耕、免耕 + 秸秆、深松和深松 + 秸秆处理下冬小麦蒸散量大小次序为:免耕 > 传统耕作 > 免耕 + 秸秆 > 深松 + 秸秆 > 深松(见表 10-2)。与传统耕作相比,深松和深松 + 秸秆蒸散量降低了 8.0% 和 7.9%,深松和深松 + 秸秆的蒸散量较小。传统耕作、免耕、免耕 + 秸秆、深松和深松 + 秸秆处理模拟产量分别为 8 039.8 kg/hm²、8 405.9 kg/hm²、8 199.4 kg/hm²、7 628.5 kg/hm² 和 7 520.8 kg/hm²,大小顺序为:免耕 > 免耕 + 秸秆 > 传统耕作 > 深松 > 深松 + 秸秆(见表 10-2)。与传统耕作相比,免耕和免耕 + 秸秆处理分别提高产量 4.6% 和 2.0%。免耕处理地上生物量和籽粒产量水分利用效率最高,分别为 41.9 kg/(mm·hm²) 和 25.0 kg/(mm·hm²),免耕秸秆处理也显著增加地上部生物量水分利用效率和籽粒水分利用效率,深松耕作和深松 + 秸秆地上部生物量水分利用效率和籽粒水分利用效率略高于传统耕作,主要是由于其模拟产量偏低,蒸散量也较低。

图 10-2 为不同耕作处理下小麦受到水分胁迫系数,0 表示无水分胁迫,数值越大说明受到水分胁迫越大。当剖面有效储水量下降至较低水平时,作物会受到水分胁迫。从图 10-2 中可以看出,冬小麦苗期至返青期阶段并未受到水分胁迫,冬小麦拔节期之后,传统耕作、免耕、免耕 + 秸秆、深松耕作和深松 + 秸秆均受到水分胁迫,且随生育期推进,各

表 10-2 耕作方式转变对冬小麦耗水量和水分利用效率的影响

处理	蒸散量 （mm）	地上部生物量 （kg/hm²）	产量 （kg/hm²）	水分利用效率 [kg/(mm/hm²)]	
				WUE1	WUE2
CT	335.2	12 573	8 039.8	37.5	24.0
NT	336.0	14 100	8 405.9	41.9	25.0
NT + S	334.7	13 705	8 199.4	40.9	24.5
ST	308.3	12 846	7 628.5	41.6	24.7
ST + S	308.8	12 407	7 520.8	40.1	24.3

处理受到水分胁迫呈波动趋势。与耕作方式转变前的传统耕作相比,转变后的免耕和免耕 + 秸秆处理在冬小麦孕穗期、扬花期、灌浆期和收获期水分胁迫降低。而在孕穗期深松耕作和深松 + 秸秆的水分胁迫系数分别为 0.76 和 0.77,显著高于其他处理,这可能是由于深松耕作土壤水分损失较多,这也是深松耕作和深松秸秆处理下小麦模拟产量偏低的主要原因。

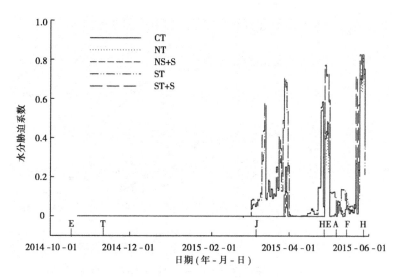

图 10-2 不同处理小麦水分胁迫系数对比

10.3 耕作方式转变对土壤氮素的影响

10.3.1 土壤 0~100 cm 硝态氮含量的变化

从冬小麦苗期到成熟期,4 种耕作处理下 0~100 cm 硝态氮含量均呈先上升后下降趋势,至收获期下降至最低(见图10-3),这也说明冬小麦生长需要吸收土壤硝态氮。与不同耕作处理相比,免耕+秸秆处理在冬小麦整个生育期0~100 cm硝态氮含量远高于其他各处理,较传统耕作在冬小麦苗期、拔节期、扬花期、灌浆期和成熟期0~100 cm硝态氮含量分别提高了2.9倍、14.7倍、31.4倍、22.1倍和36.1倍。与传统耕作相比,深松+秸秆处理在冬小麦整个生育期也提高了0~100 cm硝态氮含量。免耕在冬小麦苗期到拔节期较传统耕作提高0~100 cm硝态氮含量,而冬小麦拔节期之后,免耕较传统耕作0~100 cm硝态氮含量有所降低。而深松耕作在冬小麦苗期—收获期0~100 cm硝态氮含量明显低于传统耕作。冬小麦苗期免耕和深松+秸秆处理与传统耕作相比0~100 cm硝态氮含量分别增加62.1%和74.6%,而深松耕作较传统耕作则降低了41.3%。冬小麦拔节期免耕和深松+秸秆处理0~100 cm土壤硝态氮含量分别较传统耕作提高1.89倍和3.57倍。冬小麦扬花期,传统耕作、免耕、免耕+秸秆、深松和深松+秸秆处理土壤0~100 cm硝态氮含量分别为5.9 mg/kg、4.4 mg/kg、191.2 mg/kg、4.9 mg/kg和41.5 mg/kg,免耕+秸秆处理下硝态氮含量显著高于其他处理,这可能是由于秸秆覆盖使土壤真菌和嫌气性细菌数量减少,而放线菌和好气性细菌数量增加提高了土壤硝化速率,增加了土壤剖面硝态氮含量的积累。这也说明秸秆覆盖要适量,尤其免耕+秸秆,如果过量秸秆覆盖也会造成地下水潜在的淋溶危险。冬小麦灌浆期和成熟期,深松耕作0~100 cm硝态氮含量较传统耕作分别降低56.3%和37.2%,而深松秸秆处理下0~100 cm硝态氮含量是传统耕作的4.2倍和5.7倍。

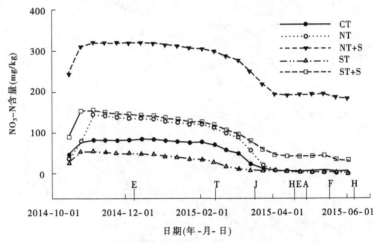

图 10-3　不同耕作处理土壤 0~100 cm 硝态氮含量

10.3.2　氮素去向分析

耕作方式转变前传统耕作冬小麦季氮素矿化量和氮固定量为92.3 kg/hm² 和28.5 kg/hm²。耕作方式转变后的免耕、免耕+秸秆、深松和深松+秸秆处理氮素矿化量分别为113.8 kg/hm²、100.1 kg/hm²、43.4 kg/hm² 和60.6 kg/hm²(见表10-3),其中免耕和免耕+秸秆较传统耕作提高23.2%和8.5%,深松和深松+秸秆则降低52.9%和34.3%。转变后各处理的氮固定量分别为26.4 kg/hm²、13.0 kg/hm²、14.7 kg/hm² 和14.5

kg/hm²。转变前后传统耕作、免耕、免耕 + 秸秆、深松耕作和深松 + 秸秆处理净氮矿化量（矿化 – 固定）分别为 63.8 kg/hm²、87.4 kg/hm²、87.1 kg/hm²、28.7 kg/hm² 和 46.1 kg/hm²，由大到小的顺序为：免耕 > 免耕 + 秸秆 > 传统耕作 > 深松 + 秸秆 > 深松耕作。

　　氨挥发、反硝化、淋洗渗漏及作物吸收是氮素损失的主要途径。与耕作方式转变前传统耕作相比，转变后的免耕和免耕 + 秸秆的氨挥发量显著增加，深松和深松 + 秸秆的氨挥发量显著降低。转变前后各处理氮素反硝化量分别为 1.9 kg/hm²、5.7 kg/hm²、11.5 kg/hm²、0.7 kg/hm² 和 1.9 kg/hm²，其中免耕 + 秸秆和免耕显著提高了氮素反硝化量，而深松耕作显著降低了氮素反硝化量。模型模拟各处理渗漏量由大到小的顺序为，深松 + 秸秆 > 免耕 + 秸秆 > 深松 > 传统耕作 > 免耕，说明深松 + 秸秆造成氮素淋溶损失的潜在危险最大。各处理氮素总损失量（氨挥发 + 反硝化 + 淋洗渗漏）分别为 24.2 kg/hm²、38.2 kg/hm²、68.0 kg/hm²、28.5 kg/hm² 和 56.6 kg/hm²，大小顺序为：免耕 + 秸秆 > 深松 + 秸秆 > 免耕 > 深松 > 传统耕作，且在氮素损失项中，渗漏淋洗所占比例最大。

表 10-3　耕作方式转变前后 0 ~ 100 cm 土壤剖面氮素平衡　　（单位:kg/hm²）

处理	施肥	矿化	固定	氨挥发	反硝化	渗漏	吸氮量
CT	225	92.3	28.5	2.4	1.9	19.9	235.9
NT	225	113.8	26.4	18.6	5.7	13.9	236.3
NT + S	225	100.1	13.0	18.4	11.5	38.1	231.7
ST	225	43.4	14.7	0.1	0.7	27.7	182.8
ST + S	225	60.6	14.5	0.1	1.9	54.6	192.6

　　耕作方式转变前后传统耕作、免耕、免耕 + 秸秆、深松和深松 + 秸秆处理冬小麦吸氮量分别为 235.9 kg/hm²、236.3 kg/hm²、231.7 kg/hm²、182.8 kg/hm² 和 192.6 kg/hm²，其中免耕处理下冬小麦吸氮量最大。冬小麦整个生育期受到氮素胁迫如图 10-4 所示。0 表示无氮素胁迫，数值越大说明受氮素胁迫越严重。冬小麦越冬期—成熟期，各处理均受到氮素胁迫，且随生育期推进，氮素胁迫逐渐增大。在冬小麦灌浆期—成熟期期间，传统耕作、免耕、免耕 + 秸秆、深松和深松 + 秸秆处理氮素胁迫指数平均值分别为 0.67、0.74、0.75、0.63 和 0.77，可见深松 + 秸秆处理由于氮素净矿化较少，而氮素损失较多造成的氮胁迫严重。

10.3.3　耕作方式转变后氮素利用效率变化

　　模型模拟传统耕作、免耕、免耕 + 秸秆、深松和深松 + 秸秆处理生物量氮素利用效率分别为 47.6 kg/(mm · hm²)、51.4 kg/(mm · hm²)、45.7 kg/(mm · hm²)、55.5 kg/(mm · hm²) 和 46.1 kg/(mm · hm²)，而籽粒氮利用效率分别为 30.4 kg/(mm · hm²)、30.6 kg/(mm · hm²)、27.4 kg/(mm · hm²)、33.0 kg/(mm · hm²) 和 27.9 kg/(mm · hm²)（见表 10-4），与传统耕作相比，免耕、深松和深松 + 秸秆均能够提高氮素利用率，其中深松耕作氮素利用效率最高，这主要是深松耕作处理下氮素总消耗量最小（见表 10-4）。

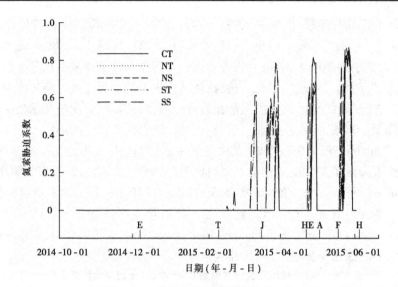

图 10-4 不同耕作氮素胁迫系数对比

表 10-4 不同耕作处理氮素利用效率

处理	氮素消耗量（kg/hm²）	地上部生物量（kg/hm²）	籽粒产量（kg/hm²）	氮素利用效率（kg/kg）	
				生物量	籽粒
CT	264.1	12 573	8 039.8	47.6	30.4
NT	274.5	14 100	8 405.9	51.4	30.6
NT + S	299.7	13 705	8 199.4	45.7	27.4
ST	231.3	12 846	7 628.5	55.5	33.0
ST + S	269.2	12 407	7 520.8	46.1	27.9

注：氮素利用率 = 生物量（籽粒）/氮素消耗量。

10.4 耕作方式转变对土壤表层有机碳的影响

耕作方式转变前后传统耕作、免耕、免耕 + 秸秆、深松和深松 + 秸秆处理有机碳变化如图 10-5 所示。与传统耕作相比，免耕和免耕 + 秸秆处理分别提高土壤表层有机碳含量 17.8% 和 15.3%，而深松和深松 + 秸秆分别降低土壤表层有机碳含量 27.2% 和 30.1%。与免耕相比，免耕 + 秸秆并未明显提高土壤有机碳含量。与深松耕作相比，深松 + 秸秆处理土壤有机碳含量有下降趋势。可见，模型模拟的秸秆覆盖对土壤有机碳的影响并未显著增加，这可能是由于模型中秸秆属于较慢的碳库，需要较长时间才能够转化为土壤有机碳，下一步将利用 RZWQM2 模型模拟免耕 + 秸秆和深松 + 秸秆在较长时间转化过程中对土壤有机碳的影响。

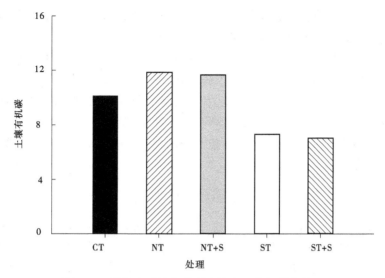

图 10-5　耕作方式转变前后土壤表层有机碳变化

10.5　讨　论

10.5.1　不同耕作方式对土壤水分及水氮利用效率的影响

张丽华等(2010)研究发现,轮作田生育期内免耕和深松处理 0 ~ 200 cm 土层平均土壤储水量分别较翻耕提高 6.7% 和 1.9%;各施肥条件下作物产量、水分利用效率和纯收益均以深松处理最高。毛红玲等(2011)的研究也表明,免耕和深松耕作较传统耕作冬小麦整个生育期内 0 ~ 200 cm 土壤土层 2 年平均储水量分别提高了 5.5% 和 4.5%,2 年平均水分利用效率深松和免耕分别提高了 4.9% 和 11.8%,2 年平均产量分别提高了 4.3% 和 7.1%。这与付国占等(2005)与吕美蓉等(2010)的研究结果一致。本研究模拟结果则不尽相同,模拟结果表明,由传统耕作转变为免耕、免耕 + 秸秆和深松 + 秸秆处理后分别提高土壤储水量 3.3%、4.6% 和 1.3%。另外,深松和深松 + 秸秆处理下模拟产量较低,这可能是由于 RZWQM2 模型缺少表面储水计算功能,过高估计了深松 + 秸秆的水分径流量和土壤深层渗漏量,致使小麦后期受水分胁迫较大,从而低估了深松 + 秸秆的产量,这与 Ma et al. (2007)的结论一致。

土壤水分利用效率(WUE)由作物产量与土壤水分消耗量来决定。免耕由于其剖面储水量较高、水分胁迫较小,致使冬小麦生物量和产量均高于其他处理,进而提高了水分利用效率。氮素利用效率(NUE)由作物产量和氮素消耗量来决定。氮素的消耗量包括土壤氮素的渗漏淋失、氨挥发、反硝化和作物吸收。本研究模拟结果显示,深松 + 秸秆处理氮素渗漏淋失量最大,免耕 + 秸秆处理次之,而深松耕作最小,这可能是由于一方面秸秆减小了土壤容重,增加了土壤孔隙,促进了土壤氮素硝化反应,增加了硝态氮的积累;另一方面深松 + 秸秆处理下土壤水分渗漏量较大,使硝态氮随水淋失量增加。Rochette et al. (2009)研究表明,免耕处理由于提高土壤表层脲酶活性,加之秸秆本身增加了土壤胶

体吸附 NH_4^+ 的阻力,进而促进了氨挥发。董文旭等(2013)研究表明,免耕处理加速了尿素的水解反应,形成了较多的 NH_4^+,促进了氨挥发且氨挥发与水分含量呈显著正相关关系。本研究模拟结果也显示,免耕和免耕＋秸秆氨挥发量显著高于其他耕作处理,这可能是由于免耕和免耕＋秸秆处理下土壤水分较多,加之免耕和免耕＋秸秆净矿化率较大,形成较多 NH_4^+,促进了氨挥发。反硝化速率与土壤水分有关,免耕和免耕＋秸秆反硝化作用损失氮较多,也与其土壤水分含量较高有关。综上,免耕处理下虽然冬小麦产量最高,但由于其氮素损失量较大,氮素利用率并不是最高。深松耕作由于其氮素损失少,其籽粒氮素利用率最高。

10.5.2　不同耕作方式对氮素迁移分布的影响

王激情等(2011)对比免耕和常规耕作发现,免耕处理 0～90 cm 硝态氮含量高于常规耕作,而 90～180 cm 硝态氮含量低于常规耕作。本试验研究当传统耕作转变为免耕、免耕＋秸秆和深松＋秸秆后 0～100 cm 硝态氮浓度增加,且免耕＋秸秆处理 0～100 cm 硝态氮含量最高,这与陈冬林等(2010)的研究结果一致,认为免耕秸秆条件下土壤碱解氮最高,免耕下秸秆还田量要适当减少,以避免土壤硝态氮含量积累过高。Ma et al. (2007)通过 RZWQM2 模型模拟不同耕作措施对氮素淋溶损失的影响,模拟结果显示,随着耕作强度增加,瓦罐流中的氮浓度增加。Ma et al. (2014)研究认为,排水中氮素淋溶损失特征,发现增加冬黑麦覆盖后氮素淋溶减少,反硝化增加,氮素消耗导致作物吸收氮降低。本研究结果表明,免耕和深松耕作增加秸秆覆盖后,氮素淋失也增加,这可能是由于模型模拟中秸秆改变了土壤容重,引起大孔隙增加,孔隙度增强,且土壤剖面 0～100 cm 硝态氮浓度累积量较大,进而导致氮素淋溶增强,说明秸秆覆盖要适量,过量增加秸秆也会增加氮素向下层淋溶的风险。

10.5.3　不同耕作方式对土壤有机碳的影响

土壤有机碳是衡量土壤肥力的重要指标。耕作措施通过扰动土壤,改变土壤物理性质影响土壤有机碳水平。长期翻耕加剧了土壤有机碳的氧化,使土壤有机碳减少,利用率降低。免耕提高土壤表层微生物量碳含量,进而增强秸秆还田碳转化,增加有机碳水平。李成芳等(2011)研究也表明,秸秆还田经过腐质化,提高土壤微生物量碳和土壤酶活性,增加土壤有机质。而本研究的模拟结果表明,免耕＋秸秆和深松＋秸秆与对应的免耕和深松耕作相比并未明显增加土壤有机碳水平,这可能与模拟的时间有关。此外,有研究表明免耕处理在短期内没有引起耕层土壤有机碳含量的明显增加,而长期免耕能够显著增加土壤表层碳储量。免耕相对其他耕作表层(0～5 cm)有机碳增加,随深度的增加,土壤碳含量减少。本研究模拟结果表明,经过长期传统耕作的农田转变为免耕后,其表层有机碳增加 17.8%。

10.6　小　结

(1)利用 RZWQM2 模型对转变耕作方式前后土壤水分变化比较结果表明,与转变前传统耕作处理相比,耕作方式转变后的免耕和免耕＋秸秆处理显著提高土壤 0～100 cm

储水量,降低了土壤水分损失,提高了作物产量和水分利用效率,且免耕优于免耕 + 秸秆。

(2)利用 RZWQM2 模型对转变耕作方式前后土壤氮素比较结果表明,与耕作方式转变前的传统耕作相比,免耕提高了净氮矿化率、氨挥发量、氮素反硝化量、氮素吸收量和氮肥利用效率。免耕 + 秸秆处理下 0～100 cm 土壤剖面硝态氮浓度远高于其他处理,增加了硝态氮淋溶风险,深松耕作处理的氮肥利用效率虽然远高于其他处理,但深松耕作吸氮量和作物产量较传统耕作偏低。

(3)利用 RZWQM2 模型对转变耕作方式后土壤有机碳比较结果表明,免耕和免耕 + 秸秆较传统耕作显著提高土壤表层有机碳含量,且免耕优于免耕 + 秸秆处理。

综上,传统耕作转变为免耕后能够提高水分利用效率、氮肥利用效率和土壤表层有机碳含量,效果最佳。

参 考 文 献

[1] ABRAMOFF M D, MAGELHAES P J, RAM S J. Image processing with image J[J]. Biophotonics International, 2004, 11: 36-42.

[2] ACHARYA C L, SHARMA P D. Tillage and mulch effects on soil physical environment, root growth, nutrient uptake and yield of maize and wheat on an alfisol in north-west India[J]. Soil and Tillage Research, 1994, 32(4): 291-302.

[3] ACHARYA C, SHARMA P D. Tillage and mulch effects on soil physical environment root growth, nutrient uptake and yield of maize and wheat on an alfisol in north-west India[J]. Soil Till Res, 1994, 32 (4): 291-302.

[4] AHUJA L R, ROJAS K W, HANSON J D, et al. Root zone water quality model: modling management effects on water quality and crop production[M]. Highlands Ranch: Water Resources Publications, LLC. 1999.

[5] ALEXANDROV V A, HOOGENBOOM G. The impact of climate variability and change on crop yield in Bulgaria[J]. Agricultural & Forest Meteorology, 2000, 104(4): 315-327.

[6] ÁLVVAROFUENTES J, LÓPEZ M V, ARRÚE J L, et al. Management effects on soil carbon dioxide fluxes under semiarid mediterranean conditions[J]. Soil Science Society of America Journal, 2008, 72 (1): 194-200.

[7] ALVES I, CAMEIRA M D. Evapotranspiration estimation performance of Root zone water quality model: Evaluation and improvement[J]. Agricultural Water Management, 2002, 57(1): 61-73.

[8] ANAPALLI S S, NIELSEN D C, MA L W, et al. Effectiveness of RZWQM for simulating alternative great plains cropping systems[J]. Agronomy Journal, 2005, 97(4): 1183-1193.

[9] ANDERSON S H, PEYTON R L, GANTZER C J. Evaluation of constructed and natural soil macropores using X-ray computed tomography[J]. Geoderma, 1990, 46: 13-29.

[10] ANGLE J S, GROSS C M, HILL R L, et al. Soil nitrate concentrations under corn as affected by tillage, manure, and fertilizer applications[J]. Journal of Environmental Quality, 1993, 22(1): 141-147.

[11] ANTONIO J, LORENA M Z, JUAN G. Effects of mulching on soil physical properties and runoff under semi-arid conditions in southern Spain[J]. Catena, 2010, 81: 77-85.

[12] ARAH J R M, SMITH K A, CRICHTON I J, et al. Nitrous oxide production and denitrification in Scottish arable soils[J]. European Journal of Soil Science, 2006, 42(3): 351-367.

[13] ASADI M E, CLEMENTE R S. Simulation of maize yield and N uptake under tropical conditions with the CERES-Maize model[J]. Tropical Agriculture, 2001, 78(4): 211-217.

[14] ASARE S N, RUDRA R P, DICKINSON W T, et al. Soil macroporosity distribution and trends in a no-till plot using a volume computer tomography scanner[J]. J Agric Eng Res, 2001, 78: 437-447.

[15] BAVEYE P, PARLANGE J Y, STEWART B A. Fractals in Soil Science[J]. Advance in Soil Science, 1998: 377-389.

[16] BEN M S, ERROUISSI F, BEN H M, et al. Comparative effects of conventional and no-tillage management on some soil properties under Mediterranean semi-arid conditions in northwestern Tunisia [J]. Soil and Tillage Research, 2010, 106(2): 247-253.

[17] BEVEN K, GERMANE P. Water flow in soil macropores. II A combined flow model[J]. J. Soil Sci., 1981, 32:15-29.

[18] BLAIR G J, LEFROY R D B, LISLE L. Soil carbon fractions based on their degree of oxidation, and the development of a carbon management index for agricultural systems [J]. Australian Journal of Agricultural Research, 1995, 46(7): 1459-1466.

[19] BLANCO-CANQUI H, LAL R. No-tillage and soil-profile carbon sequestration: an on-farm assessment [J]. Soil Science Society of America Journal,2008,72(3):693-701.

[20] BOLAN N S, ADRIANO D C, NATESAN R, et al. Effects of organic amendments on the reduction and phytoavailability of chromate in mineral soil[J]. Journal of Environmental Quality, 2003, 32(1): 120-128.

[21] BOLAN N S, ADRIANO D C. Effects of organic amendments on the reduction and phytoavailability of chromate in mineral soil[J]. Journal of Environmental Quality, 2003, 32(1): 120-128.

[22] BRIEDIS C, SÁ J C M, CAIRES E F, et al. Soil organic matter pools and carbon-protection mechanisms in aggregate classes influenced by surface liming in a no-till system[J]. Geoderma, 2012,170: 80-88.

[23] BRONICK C, LAL R. Soil structure and management: A review[J]. Geoderma, 2005, 124(1-2):3-22.

[24] CAMBARDELLA C A, Elliott E T. Carbon and nitrogen distribution in aggregates from cultivated and native grassland soils[J]. Soil Science Society of America Journal, 1993, 57(4): 1071-1076.

[25] CAMEIRA M R, FERNANDO R M, AHUJA L R, et al. Using RZWQM to simulate the fate of nitrogen in field soil-crop environment in the mediterranean region[J]. Agricultural Water Management, 2007, 90(1-2):121-136.

[26] CAMEIRA M R, SOUSA P L, FARAHANI H J, et al. Evaluation of the RZWQM for the simulation of water and nitrate movement in level-basin, fertigated maize [J]. Journal of Agricultural Engineering Research, 1998, 69(4):331-341.

[27] CASSEL D K, RACZKOWSKI C W, DENTON H P. Tillage Effects on Corn Production and Soil Physical Conditions[J]. Soil Science Society of America Journal,1995,59(5):1436-1443.

[28] CASTRO F C, LOURENÇO A, GUIMARÃES M F, et al. Aggregate stability under different soil management systems in a red latosol in the state of Parana, Brazil[J]. Soil and Tillage Research, 2002, 65(1): 45-51.

[29] CELIK II, ORTASA, KILICB S. Effects of compost, mycorrhiza, manure and fertilizer on some physical properties of a Chromoxerert soil[J]. Soil Till. Res., 2004, 78: 59-67.

[30] CHEN H Q, HOU R X, GONG Y S, et al. Effects of 11 years of conservation tillage on soil organic matter fractions in wheat monoculture in Loess Plateau of China[J]. Soil and Tillage Research, 2009, 106(1): 85-94.

[31] CHEN Y, LIU S, LI H, et al. Effects of conservation tillage on corn and soybean yield in the humid continental climate region of Northeast China[J]. Soil & Tillage Research, 2011,115:56-61.

[32] CHIVENGE P P, MURWIRA H K, GILLER K E, et al. Long-term impact of reduced tillage and residue management on soil carbon stabilization: implications for conservation agriculture on contrasting soils[J]. Soil & Tillage Research, 2007,94(2):328-337.

[33] CHOUDHARY M A, AKRAMKHANOV A, SAGGAR S. Nitrous oxide emissions from a New Zealand cropped soil: tillage effects, spatial and seasonal variability[J]. Agriculture Ecosystems & Environment, 2002,93(1-3):33-43.

[34] CHRISTENSEN B T. Carbon in primary and secondary organ mineral complexes[C]//Cater M R, Stewart A B, et al. Structure and organic matter storage in agricultural soils[M]. Boca Raton, Florida: CRC Press, Inc. 1996: 97-165.

[35] CHRISTOPHER S, LAL R, MISHRA U. Long-term no-till effects on carbon sequestration in the Midwestern U. S. [J]. Soil Sci. Soc. Am. J., 2009, 73:207-216.

[36] CONANT R T, EASTER M, PAUSTIAN K, et al. Impacts of periodic tillage on soil C stocks: A synthesis[J]. Soil & Tillage Research, 2007,95(1-2):1-10.

[37] COOTE D R, MALCOLN MCGOVERN C A. Effects of conventional and no-till corn growth in rotation on three soils in Eastern Ontario, Canada[J]. Soil & Tillage Research, 1989,14(1):67-84.

[38] DALAL R C, CHAN K Y. Soil organic matter in rainfed cropping systems of the Australian cereal belt [J]. Soil Research, 2001, 39(3): 435-464.

[39] DALAL R C. Long-term trends in total nitrogen of a vertisol subjected to zero-tillage, nitrogen application and stubble retention[J]. Soil Research,1992,30(2):223-231.

[40] DAM R F, MEHDI B B, BURGESS M S E, et al. Soil bulk density and crop yield under eleven consecutive years of corn with different tillage and residue practices in a sandy loam soil in central Canada [J]. Soil & Tillage Research, 2005,84(1):41-53.

[41] DAO T H. Tillage and winter wheat residue management effects on water infiltration and storage[J]. Soil Science Society of America Journal, 1993, 57(6):1586-1595.

[42] DE VITA P, DI PAOLO E D, FECONDO G, et al. No-tillage and conventional tillage effects on durum wheat yield, grain quality and soil moisture content in Southern Italy[J]. Soil & Tillage Research, 2007,92(1-2):69-78.

[43] DEJONGE K, ANDALES A, ASCOUGH J, et al. Modeling of full and limited irrigation scenarios for corn in a semiarid environment[J]. Transactions of the ASABE,2011,54(2): 481-492.

[44] DIEPEN C A, WOLF J, KEULEN H, et al. WOFOST: a simulation model of crop production[J]. Soil Use & Management, 1989,5(1):16-24.

[45] DING X L, HAN X Z, LIANG Y, et al. Changes in soil organic carbon pools after 10 years of continuous manuring combined with chemical fertilizer in a mollisol in China[J]. Soil & Tillage Research, 2012, 122: 36-41.

[46] DORAN J W. Soil microbial and biochemical changes associated with reduced tillage[J]. Soil Science Society of America Journal, 1980,44(4):765-771.

[47] EDUARDO M, JUAN-PABLO F, PAOLA S, et al. Soil physical properties and wheat root growth as affected by no-tillage and conventional tillage systems in a Mediterranean environment of Chile[J]. Soil & Tillage Research, 2008, 99: 232-244.

[48] ELDER J W, LAL R. Tillage effects on gaseous emissions from an intensively farmed organic soil in North Central Ohio[J]. Soil & Tillage Research, 2008,98(1):45-55.

[49] EYNARD A, SCHUMACHER T E, LINDSTROM M J, et al. Effects of agricultural management systems on soil organic carbon in aggregates of U stolls and U sterts[J]. Soil and Tillage Resarch, 2005,81(2): 253-263.

[50] FABRIZZI K P, GARCIA F O, COSTA J L, et al. Soil water dynamics, physical properties and corn and wheat responses to minimum and no-tillage systems in the Southern Pampas of Argentina[J]. Soil & Tillage Research, 2005,81(1):57-69.

[51] FAN X M, DAI T B, JIANG D, et al. Effects of nitrogen rates on carbon and nitrogen assimilate

translocation in wheat grown under drought and waterlogging from anthesis to maturity[J]. Journal of Soil Water Conservation, 2004,18(6): 63-67.

[52] FANG Q, MALONE R, MA L, et al. Modeling the effects of controlled drainage, N rate and weather on nitrate loss to subsurface drainage[J]. Agricultural water management, 2012,103:150-161.

[53] FISCHER R A, TURNER N C. Plant production in the arid and semiarid zones[J]. Annual Review of Plant Physiology, 1978, 29: 277-317.

[54] FLERCHINGER G, XIAO W, SAUER T, et al. Simulation of within-canopy radiation exchange[J]. NJAS-Wageningen Journal of Life Sciences, 2009,57(1):5-15.

[55] FRANZLUEBBERS A J, HONS F M, ZUBERER D A. Long-term changes in soil carbon and nitrogen pools in wheat management systems[J]. Soil Science Society of America Journal,1994,58(6):1639-1645.

[56] FRANZLUEBBERS A J. Water infiltration and soil structure related to organic matter and its stratification with depth[J]. Soil & Tillage Research, 2002,66(2):197-205.

[57] FRANZLUEBBERS A. Soil organic matter stratification ratio as an indicator of soil quality[J]. Soil and Tillage Research,2002,66(2): 95-106.

[58] FUENTES J P, FLURY M, HUGGINS D R, et al. Soil water and nitrogen dynamics in dryland cropping systems of Washington State, USA[J]. Soil & Tillage Research, 2003,71(1):33-47.

[59] GALE W J, CAMBARDELLA C A. Carbon dynamics of surface residue and root-derived organic matter under simulated no-till[J]. Soil Science Society of America Journal, 2000, 64(1): 190-195.

[60] GANTZER C J, ANDERSON S H. Computed tomographic measurement of macroporosity in chisel-disk and no-tillage seedbeds[J]. Soil Till Res, 2002, 64: 101-111.

[61] GE T, WU X, LIU Q, et al. Effect of simulated tillage on microbial autotrophic CO_2 fixation in paddy and upland soils[J]. Scientific Reports, 2016,6:1-9.

[62] GIMENEZ D, PERFECT E, RAWLS W J, et al. Fractal models for predicting soil hydraulic properties: a review[J]. Engineering Geology,1997, 48(3-4): 161-183.

[63] GRIGGS B R, NORMAN R J, WILSON C E, et al. Ammonia volatilization and nitrogen uptake for conventional and conservation tilled dry-seeded, delayed-flood rice[J]. Soil Science Society of America Journal, 2007,71(3):745-751.

[64] GUPTA CHOUDHURY S, SRIVASTAVA S, SINGH R, et al. Tillage and residue management effects on soil aggregation, organic carbon dynamics and yield attribute in rice-wheat cropping system under reclaimed sodic soil[J]. Soil & Tillage Research, 2014,136:76-83.

[65] HANSON J D, AHUJA L R, SHAFFER M D, et al. RZWQM: simulating the effects of management on water quality and crop production[J]. Agricultural Systems, 1998,57(2):161-195.

[66] HATI K M, CHAUDHARY R S, MANDAL K G, et al. Effects of tillage, residue and fertilizer nitrogen on crop yields, and soil physical properties under soybean-wheat rotation in Vertisols of central India[J]. Agricultural Research, 2015, 4(1): 48-56.

[67] HE J, DUKES M D, HOCHMUTH G J, et al. Identifying irrigation and nitrogen best management practices for sweet corn production on sandy soils using CERES-Maize model[J]. Agricultural Water Management, 2012, 109: 61-70.

[68] HE J, DUKES M, HOCHMUTH G, et al. Evaluation of sweet corn yield and nitrogen leaching with CERES-Maize considering input parameter uncertainties[J]. Transactions of the ASABE, 2011, 54(4): 1257-1268.

[69] HE J, KUHN N J, ZHANG X M, et al. Effects of 10 years of conservation tillage on soil properties and productivity in the farming-pastoral ecotone of Inner Mongolia, China[J]. Soil Use and Management, 2009,25(2): 201-209.

[70] HE J, LI H, RASAILY R G, et al. Soil properties and crop yields after 11 years of no tillage farming in wheat-maize cropping system in North China Plain[J]. Soil and Tillage Research, 2011, Corrected Proof.

[71] HEMMAT A, ESKANDARI I. Conservation tillage practices for winter wheat-fallow farming on a clay loam soil (Calcisols) under temperate continental climate of northwestern Iran [J]. Field Crops Research, 2004,89(1): 123-133.

[72] HOOGENBOOM G, JONES J W, WILKENS P W, et al. DSSAT V4. 5 version[CD-ROM]. Honolulu: University of Hawaii, 2008.

[73] HOU Y L, O'BRIEN L, ZHONG G R. Study on the dynamic changes of the distribution and accumulation of nitrogen in different plant parts of wheat[J]. Acta Agronomica Sinica, 2001,27(4): 493-499.

[74] HU C, DELGADO J A, ZHANG X. et al. Assessment of groundwater use by wheat (Triticum aestivum L.) in the Luancheng Xian region and potential implications for water conservation in the northwestern North China Plain[J]. Journal of Soil and Water Conservation, 2005,60(2):80-88.

[75] HU C, SASEENDRAN S A, GREEN T R, et al. Evaluating nitrogen and water management in a double-cropping system using RZWQM[J]. Vadose Zone Journal, 2006,5(1):493-505.

[76] HUFFMAN E, YANG J, GAMEDA S, et al. Using simulation and budget models to scale-up nitrogen leaching from field to region in Canada[J]. The Scientific World Journal, 2001, 1: 699-706.

[77] Institute of Soil Science, Chinese Academy of Sciences. Determination Methods for Soil Physical Properties[M]. Beijing: Science Press, 1978(in Chinese).

[78] JABRO J D, IVERSEN W M, STEVENS W B, et al. Physical and hydraulic properties of a sandy loam soil under zero, shallow and deep tillage practices[J]. Soil & Tillage Research,2016,159: 67-72.

[79] JACINTHE P A, LAL R, KIMBLE J M. Carbon dioxide evolution in run-off from simulated rainfall on long-term no-till and plowed soils in southwesern Ohio[J]. Soil & tillage Research, 2002, 66(1): 23-33.

[80] JASTROW J D. Soil aggregate formation and the accrual of particulate and mineral-associated organic matter[J]. Soil Biology and Biochemistry, 1996, 28(4): 665-676.

[81] JONES C A, KINIRY J R, DYKE P. CERES-Maize: a simulation model of maize growth and development[M]. Texas: Texas A&M University Press, 1986.

[82] JONES J W, HOOGENBOOM G, PORTER C H, et al. DSSAT cropping system model[J]. European Journal of Agronomy, 2003,18: 235-265.

[83] KEULEN H, VRIES F W T P, DREES E M. A summary model for crop growth[M]. Simulation of Plant Growth & Crop Production. 1982.

[84] KUMAR A, KANWAR R S, SINGH P, et al. Evaluation of the Root zone water quality model for predicting water and $NO_3^- - N$ movement in an Iowa soil[J]. Soil & Tillage Research, 1999,50(3): 223-236.

[85] LAL R, KIMBLE J M. Conservation tillage for carbon sequestration [J]. Nutrient Cycling in Agroecosystems, 1997, 49: 243-253.

[86] LAL R. No-tillage effects on soil properties and maize production in Western Nigeria[J]. Plant and Soil,

1974, 40(2):321-331.

[87] LAL R. No-tillage effects on soil properties under different crops in western Nigenia[J]. Soil Sci, Soc Am Proc, 1976, 40: 762-768.

[88] LAMPURLANÉS J, ANGÁS P, CANTERO-MRTíNEZ C. Root growth, soil water content and yield of barley under different tillage systems on two soils in semiarid conditions[J]. Field Crops Research, 2001,69(1):27-40.

[89] LEE S B, LEE C H, JUNG K Y. Changes of soil organic carbon and its fractions in relation to soil physical properties in a long-term fertilized paddy[J]. Soil Till. Res. 2009, 104: 227-232.

[90] LI F S, KANG S Z, ZHANG J H, et al. Effects of atmospheric CO_2 enrichment, water status and applied nitrogen on water-and nitrogen-use efficiencies of wheat[J]. Plant and Soil, 2003,254(2): 279-289.

[91] LI F M, GUO A H,WEI H. Effects of clear plastic film mulch on yield of spring wheat[J]. Field Crops Research, 1999, 63(1): 79-86.

[92] LI Z T, YANG J Y, DRURY C F, et al. Evaluation of the DSSAT-CSM for simulating yield and soil organic C and N of a long-term maize and wheat rotation experiment in the Loess Plateau of Northwestern China[J]. Agricultural Systems, 2015,135:90-104.

[93] LI Z, MA L, FLERCHINGER G N, et al. Simulation of overwinter soil water and soil temperature with SHAW and RZ-SHAW. Soil Science Society of America Journal, 2012,76(5):1548-1563.

[94] LI Z P, LIU M, WU X C, et al. Effects of long-term chemical fertilization and organic amendments on dynamics of soil organic C and total N in paddy soil derived from barren land in subtropical China[J]. Soil Till. Res. 2010, 106: 268-274.

[95] LIANG Aizhen, YANG Xueming, ZHANG Xiaoping, et al. Short-term impacts of no tillage on soil organic carbon associated with water-stable aggregates in black soil of northeast China[J]. Scientia Agricultura Sinica, 2009, 42(8): 2801-2808. (in Chinese)

[96] LIANG X, WANG Z, ZHANG Y, et al. No-tillage effects on N and P exports across a rice-planted watershed[J]. Environmental Science and Pollution Research, 2016,23(9):8598-8609.

[97] LICHT M A, AL-KAISI M. Strip-tillage effect on seedbed soil temperature and other soil physical properties[J]. Soil & Tillage Research, 2005,80(1-2):233-249.

[98] LIMONORTEGA A, SAYRE K D, FRANCIS C A. Wheat and maize yields in response to straw management and nitrogen under a bed planting system[J]. Agronomy Journal, 2000,92(2): 295-302.

[99] LIU K, ELLIOTT J A, LOBB D A, et al. Conversion of conservation tillage to rotational tillage to reduce phosphorus losses during snowmelt runoff in the Canadian Prairies[J]. Journal of environmental quality, 2014,43(5): 1679-1689.

[100] LÓPEZ G R, MADEJÓN E, MURILLO J M, et al. Short andlong-term distribution with depth of soil organic carbon and nutrients under traditional and conservation tillage in a Mediterranean environment (Southwest Spain)[J]. Soil Use and Management, 2011, 27(2): 177-185.

[101] LOPEZ-FANDO C, PARDO M T. Soil carbon storage and stratification under different tillage systems in a semi-arid region[J]. Soil & Tillage Research, 2011,111(2):224-230.

[102] LOU Y, XU M, CHEN X, et al. Stratification of soil organic C, N and C:N ratio as affected by conservation tillage in two maize fields of China[J]. CATENA, 2012,95:124-130.

[103] LUXMOORE R J. Micro-, meso-, and macroporosity of soil[J]. Soil. Sci. Soc Am. J., 1981,45:671-672.

[104] MA L W, SHAFFER M J, BOYD J K, et al. Manure management in an irrigated silage corn field:

experiment and modeling[J]. Soil Science Society of America Journal, 1998,62(4):1006-1017.

[105] MA L, AHUJA L R, ISLAM A, et al. Modeling yield and biomass responses of maize cultivars to climate change under full and deficit irrigation[J]. Agricultural Water Management, 2017,180:88-98.

[106] MA L, HOOGENBOOM G, AHUJA L R, et al. Evaluation of the Rzwqm-Ceres-Maize hybrid model for maize production[J]. Agricultural Systems, 2006,87(3):274-295.

[107] MA L, MALONE R W, HEILMAN P, et al. RZWQM simulation of long-term crop production, water and nitrogen balances in Northeast Iowa[J]. Geoderma, 2007a,140(3):247-259.

[108] MA L, MALONE R W, HEILMAN P. RZWQM simulated effects of crop rotation, tillage, and controlled drainage on crop yield and nitrate-N loss in drain flow[J]. Geoderma, 2007b,140(3):260-271.

[109] MADARI B, MACHADO P L O A, TORRES E, et al. No tillage and crop rotation effects on soil aggregation and organic carbon in a Rhodic Ferralsol from southern Brazil [J]. Soil and Tillage Research, 2005, 80:185-200.

[110] MALONE R W, LOGSDON S, SHIPITALO M J, et al. Tillage effect on macroporosity and herbicide transport in percolate[J]. Geoderma, 2003,116(1-2):191-215.

[111] MALONE R W, NOLAN B T, MA L, et al. Effects of tillage and application rate on atrazine transport to subsurface drainage: evaluation of RZWQM using a six-year field study [J]. Agricultural Water Management, 2014,132(2):10-22.

[112] MARTÍNEZ E, FUENTES J P, SILVA P, et al. Soil physical properties and wheat root growth as affected by no-tillage and conventional tillage systems in a Mediterranean environment of Chile[J]. Soil and Tillage Research, 2008, 99(2): 232-244.

[113] MAZURAK A P. Effect of gaseous phase on water-stable synthetic aggregates[J]. Soil Science,1950, 69: 135-148.

[114] MCKEE G W. A coefficient for computing leaf area in hybrid corn[J]. Agronomy Journal, 1964, 56 (2): 240-241.

[115] MISHRA U, USSIRI D A N, LAL R. Tillage effects on soil organic carbon storage and dynamics in corn belt of Ohio USA[J]. Soil Till Res, 2010,107: 88-96.

[116] MKHABELA M S, MADANI A, GORDON R, et al. Gaseous and leaching nitrogen losses from no-tillage and conventional tillage systems following surface application of cattle manure[J]. Soil & Tillage Research, 2008,98(2):187-199.

[117] MUTEGI J K, MUNKHOLM L J, PETERSEN B M, et al. Nitrous oxide emissions and controls as influenced by tillage and crop residue management strategy[J]. Soil Biology and Biochemistry, 2010, 42(10):1701-1711.

[118] MWENDERA E J, FEYEN J. Effects of tillage and evaporative demand on the drying characteristics of a silt loam: an experimental study[J]. Soil & Tillage Research, 1994,32(1):61-69.

[119] NANGIA V, GOWDA P H, MULLA D J, et al. Water quality modeling of fertilizer management impacts on nitrate losses in tile drains at the field scale[J]. Journal of Environmental Quality, 2008,37 (2): 296-307.

[120] NGWIRA A R, AUNE J B, THIERFELDER C. DSSAT modelling of conservation agriculture maize response to climate change in Malawi[J]. Soil & Tillage Research, 2014,143(12):85-94.

[121] NIU J Y, GAN Y T, ZHANG J W, et al. Postanthesis dry matter accumulation and redistribution in

spring wheat mulched with plastic film[J]. Crop Sci. , 1998, 38: 1562-1568.

[122] NOUNA B B, KATERJI N, MASTRORILLI M. Using the CERES-Maize model in a semi-arid Mediterranean environment. Evaluation of model performance[J]. European Journal of Agronomy, 2000,13(4): 309-322.

[123] PAGLIAI M, VIGNOZZI N, PELLEGRINI S. Soil structure and the effect of management practices[J]. Soil Till Res, 2004, 79(2): 131-143.

[124] PALM C, BLANCO-CANQUI H, DECLERCK F, et al. Conservation agriculture and ecosystem services: an overview[J]. Agriculture, Ecosystems and Environment, 2014,187(2): 87-105.

[125] PALTA J A, KOBATA T, TURNER N C, et al. Remobilization of carbon and nitrogen in wheat as influenced by postanthesis water deficits[J]. Crop Science, 1994,34(1):118-124.

[126] PEYTON R L, ANDERSON S H, GANTZER C J. Applying X-ray CT to measure macropore diameters in undisturbed soil cores[J]. Geoderma, 1992,53: 329-340.

[127] PEYTON R L, GANTZER C J, ANDERSON S H, et al. Fractal dimension to describe soil macropore structure using X-ray computed-tomography[J]. Water Resour Res, 1994, 30: 691-700.

[128] PHILLIPS R E, PHILLIPS S H. No-tillage Agriculture Principles and practices[M]. Van Nostrand Reinhold company, 1984.

[129] PHOGAT V K,AYLMORE L A G. Evaluation of soil structure by using computer assisted tomography [J]. Aust. J. Soil Res, 1989,27(2):313-323.

[130] POESEN, INGELMO J, SANEHEZ. Runoff and sediment yield from top-soils with different porosity as affected by rock fragment cover and position[J]. Catena, 1992, 19: 451-474.

[131] POWEL S B. Photo inhibition of photosynthesis induced by visible light[J]. Annual Review of Plant Physiology, 1984, 35: 15-44.

[132] PUGET P, CHENU C, BALESDENT J. Dynamics of soil organic matter associated with particle-size fractions of water-stable aggregates[J]. European Journal of Soil Science, 2000,51(4):595-605.

[133] QI Z, MA L, HELMERS M J, et al. Simulating nitrate-nitrogen concentration from a subsurface drainage system in response to nitrogen application rates using RZWQM2[J]. Journal of environmental quality, 2012,41(1): 289-295.

[134] RASIAH V, AYLMORE L A G. Characterizing the changes in soil porosity by computed tomography and fractal dimension[J]. Soil Sci, 1998, 163: 203-211.

[135] RILEY H C F, BLEKEN M A, ABRAHAMSEN S, et al. Effects of alternative tillage systems on soil quality and yield of spring cereals on silty clay loam and sandy loam soils in the cool, wet climate of Central Norway[J]. Soil & Tillage Research, 2005,80(1-2):79-93.

[136] ROCHETTE P, ANGERS D A, CHANTIGNY M H, et al. Ammonia volatilization following surface application of urea to tilled and no-till soils: a laboratory comparison[J]. Soil & Tillage Research, 2009,103(2): 310-315.

[137] SAINJU U M, SINGH B P, WHITEHEAD W F. Long-term effects of tillage, cover crops, and nitrogen fertilization on organic carbon and nitrogen concentrations in sandy loam soils in Georgia, USA[J]. Soil & Tillage Research, 2002,63(3-4):167-179.

[138] SANDER T, GERKE H H, ROGASIK H. Assessment of Chinese paddy-soil structure using X-ray computed tomography[J]. Geoderma, 2008, 145: 303-314.

[139] SARKAR S, PARAMANICK M, GOSWAMI S B. Soil temperature, water use and yield of yellow sarson (*Brassica Napus L. Var.* Glauca) in relation to tillage intensity and mulch management under rainfed

lowland ecosystem in Eastern India[J]. Soil & Tillage Research, 2007,93(1):94-101.

[140] SASEENDRAN S A, MA L, MALONE R, et al. Simulating, management effects on crop production, tile drainage, and water quality using Rzwqm-Dssat[J]. Geoderma, 2007,140(3):297-309.

[141] SCHENK M K. Regulation of nitrogen uptake on the whole plant level[J]. Plant and Soil, 1996,181 (1):131-137.

[142] SHAVER T M, PETERSON G A, AHUJA L R, et al. Surface soil physical properties after twelve years of dryland no-till management[J]. Soil Science Society of America Journal, 2002, 66(4): 1296 - 1303.

[143] SHEEHY J, SIX J, ALAKUKKU L, et al. Fluxes of nitrous oxide in tilled and no-tilled boreal arable soils[J]. Agriculture Ecosystems & Environment, 2013,164(164):190-199.

[144] SINCLAIR T R, SELIGMAN N G. Crop modeling: from infancy to maturity[J]. Agronomy Journal, 1996,88: 698-704.

[145] SINGH B, CHANASYK D S, MCGILL W B. Soil water regime under barley with long-term tillage-residue systems[J]. Soil & Tillage Research, 1998,45(1-2):59-74.

[146] SIX J, BOSSUYT H, DEGRYZE S, et al. A history of research on the link between (micro) aggregates, soil biota, and soil organic matter dynamics[J]. Soil and Tillage Research, 2004, 79(1): 7-31.

[147] SIX J, ELLIOTT E T, PAUSTIAN K. Soil macroaggregate turnover and microaggregate formation: a mechanism for C sequestration under no-tillage agriculture[J]. Soil Biology and Biochemistry, 2000, 32(14): 2099-2103.

[148] SIX J, ELLIOTT E T, PAUSTIAN K. Soil structure and soil organic matter: II. A normalized stability index and the effect of mineralogy[J]. Soil Science Society of America Journal, 2000, 64(3): 1042-1049.

[149] SOJKA R E, BJORNEBERG D L, ENTRY J A, et al. Polyacrylamide in agriculture and environmental land management[J]. Advances in Agronomy, 2007, 92: 75-162.

[150] SPACCINI R, PICCOLO A, HABERHAUER G, et al. Decomposition of maize straw in three European soils as revealed by DRIFT spectra of soil particle fractions[J]. Geoderma, 2001, 99(3-4): 245-260.

[151] STEINER J L, CABRERA M L, ENDALE D M, et al. Drainage characteristics of a southern piedmont soil following six years of conventionally tilled or no-till cropping systems[J]. Transactions of the Asae, 2002,45(5):1423-1432.

[152] STULINA G, CAMEIRA M R, PEREIRA L S. Using RZWQM to search improved practices for irrigated maize in Fergana, Uzbekistan[J]. Agricultural Water Management, 2005,77(1-3):263-281.

[153] SU Z Y, ZHANG J S, WU W L,et al. Effects of conservation tillage practices on winter wheat water-use efficiency and crop yield on the Loess Plateau, China[J]. Agricultural Water Management, 2007,87 (3):307-314.

[154] TANAKA A, OSAKI M. Growth and behavior of photosynthesized ^{14}C in various crops in relation to productivity[J]. Soil Science and Plant Nutrition, 1983,29(2):147-158.

[155] TIAN S Z, WANG Y, NING T Y, et al. Continued no-till and subsoiling improved soil organic carbon and soil aggregation levels[J]. Agron J, 2014,106(1): 212-218.

[156] TIMSINA J, GODWIN D, HUMPHREYS E, et al. Evaluation of options for increasing yield and water productivity of wheat in Punjab, India using the DSSAT-CSM-CERES-Wheat model[J]. Agricultural Water Management, 2008,95(9):1099-1110.

[157] TISDALL J M, OADES J M. Organic matter and water-stable aggregates in soils[J]. Journal of Soil Science, 1982, 33(2): 141-163.

[158] UDAWATTA R P, ANDERSON S H, GaNTZER C J, et al. Agroforestry and grass buffer influence on macropore characteristics: A computed tomography analysis[J]. Soi Sci Soc Am J, 2006, 70: 1763-1773.

[159] UDAWATTA R P, ANDERSON S H. CT-measured pore characteristics of surface and subsurface soils influenced by agroforestry and grass buffers[J]. Geoderma, 2008, 145: 381-389.

[160] UDAWATTA R R, ANDERSON S H, GANTZER C J, et al. Influence of prairie restoration on CT-measured soil pore characteristics[J]. J Environ Qual, 2008, 37: 219-228.

[161] UNGER P W. Tiliage effects on surface soil physical conditions and sorghum emergence[J]. Soil Sci. Am. 1984, 48: 1423-1432.

[162] USOWICZ B, KOSSOWSKI J, BARANOWSKI P. Spatial variability of soil thermal properties in cultivated fields[J]. Soil & Tillage Research, 1996, 39(1-2): 85-100.

[163] VAN B C. Mean weight diameter of soil aggregates as a statistical index of aggregation [J]. Soil Sci Soc Am Proc, 1949, 14: 20-23.

[164] VARVEL G E, WILHELM W W. No-tillage increases soil profile carbon and nitrogen under long-yerm rainfed cropping systems[J]. Soil & Tillage Research, 2011, 114(1): 28-36.

[165] WAMER G S, NIEBER J L, MOORE I D, et al. Characterizing macropores in soil by computed tomography[J]. Soil Sci. Am. J., 1989, 53: 653-660.

[166] WANG X B, CAI D X, HOOGMOED W B, et al. Developments in conservation tillage in rainfed regions of North China[J]. Soil and Tillage Research, 2007, 93(2): 239-250.

[167] WANG X P, HUANG G H. Evaluation on the irrigation and fertilization management practices under the application of treated sewage water in Beijing, China[J]. Agricultural Water Management, 2008, 95(9): 1011-1027.

[168] WANG Z H, WANG B, Li S X. Influence of water deficit and supplemental irrigation on nitrogen uptake by winter wheat and nitrogen residual in soil[J]. Chinese Journal of Applied Ecology, 2004, 15(8): 1339-1343.

[169] XU Z Z, YU Z W, WANG D, et al. Nitrogen accumulation and translocation for winter wheat under different irrigation regimes[J]. Journal of Agronomy & Crop Science, 2005, 191(6): 439-449.

[170] XU Z Z, YU Z W, WANG D. Nitrogen translocation in wheat plants under soil water deficit[J]. Plant and Soil, 2006, 280(1/2): 291-303.

[171] YU J, YANG H. A Draft Sequence of the Rice Genome (Oryza sativa L. ssp. indica)[J]. Science, 2002, 296(5565): 1937-1942.

[172] ZHANG J S, ZHANG F P, YANG J H, et al. Emissions of N_2O and NH_3, and nitrogen leaching from direct seeded rice under different tillage practices in central China [J]. Agriculture Ecosystems & Environment, 2011, 140(1-2): 164-173.

[173] ZHANG P, WEI T, JIA Z K, et al. Soil aggregate and crop yield changes with different rates of straw incorporation in semiarid areas of Northwest China[J]. Geoderma, 2014, 230: 41-49.

[174] ZHANG P J, ZHENG J F, PAN G X, et al. Changes in microbial community structure and function within particle size fractions of a paddy soil under different long-term fertilization treatments from the Tai Lake region, China[J]. Colloids & Surfaces, 2007, 58: 264-270.

[175] ZHANG X, GOH K S. Evaluation of three models for simulating pesticide runoff from irrigated

agricultural fields[J]. Journal of environmental quality, 20 5,44(6):1809-1820.

[176] ZHAO G C, HE Z H, LIU L H, et al. Study on the co-enhancing regulating effect of fertilization and watering on the main quality and yield in Zhongyou 9507 high gluten wheat[J]. Scientia Agricultura Sinica, 2004,37(3): 351-356.

[177] ZHU X K, GUO W S, FENG C N, et al. Nitrogen absorption and utilization differences among wheat varieties for different end uses. Plant Nutrition & Fertilizing Science, 2005,11(2):148-154.

[178] 安强,李宏伟,李春莲,等.小麦叶面积指数的遗传变异及其影响因素与产量的关系[J]. 西北农业学报, 2011,20(12):46-53.

[179] 鲍士旦. 土壤农化分析[M].3版.北京:中国农业出版社,1981.

[180] 蔡立群,罗珠珠,张仁陟,等. 不同耕作措施对旱地农田土壤水分保持及入渗性能的影响研究 [J]. 中国沙漠, 2012, 32(5): 1362-1368.

[181] 蔡立群,齐鹏,张仁陟. 保护性耕作对麦－豆轮作条件下土壤团聚体组成及有机碳含量的影响 [J]. 水土保持学报, 2008, 22(2):141-145.

[182] 蔡太义,贾志宽,黄耀威,等. 中国旱作农区不同量秸秆覆盖综合效应研究进展 I [J]. 不同量秸秆覆盖的农田生态环境效应[J]. 干旱地区农业研究,2011,29(5):63-68,74.

[183] 曹凑贵,李成芳,寇志奎,等. 不同类型氮肥和耕作方式对稻田土壤氨挥发的影响[J]. 江西农业大学学报, 2010,32(5):881-886.

[184] 曹伟鹏,吴发启,雷金银,等.基于因子分析的不同耕作措施土壤肥力质量评价——以毛乌素沙地南缘为例[J].西北农林科技大学学报, 2011,39(1):159-165.

[185] 曹卫星. 国外小麦生长模拟研究的进展[J]. 南京农业大学学报, 1995,18(1): 10-14.

[186] 常春丽,刘丽平,张立峰,等. 保护性耕作的发展研究现状及评述[J]. 中国农学通报,2008,24(2):167-172.

[187] 常旭虹,赵广才,杨丽珍,等. 农牧交错区保护性耕作对土壤含水量和温度的影响[J]. 土壤, 2006,38(3):328-332.

[188] 陈刚,王璞,陶洪斌,等.有机无机配施对旱地春玉米产量及土壤水分利用的影响[J].干旱地区农业研究,2012,30(6):139-144.

[189] 陈冬林,易镇邪,周文新,等. 不同土壤耕作方式下秸秆还田量对晚稻土壤养分与微生物的影响 [J]. 环境科学学报, 2010,30(8):1722-1728.

[190] 陈浩,李洪文,高焕文,等. 多年固定道保护性耕作对土壤结构的影响[J]. 农业工程学报,2008,24(11):122-125.

[191] 陈继康,张宇,陈军胜,等. 不同耕作方式麦田土壤温度及其对气温的响应特征——土壤温度特征及热特性[J].中国农业科学, 2009,42(8):2747-2753.

[192] 陈强, KRAVCHENKO Y S, 陈渊, 等. 少免耕土壤结构与导水能力的季节变化及其水保效果 [J]. 土壤学报, 2014, 51(1): 11-21.

[193] 陈素英,张喜英,裴冬,等.秸秆覆盖对夏玉米田棵间蒸发和土壤温度的影响[J]. 灌溉排水学报, 2004,23(4):32-36.

[194] 陈素英,张喜英,裴冬,等. 玉米秸秆覆盖对麦田土壤温度和土壤蒸发的影响[J].农业工程学报, 2005,21(10):171-173.

[195] 陈欣,史奕,鲁彩艳,等. 有机物料及无机氮对耕地黑土团聚体水稳性的影响[J]. 植物营养与肥料学报, 2003,9(3):284-287.

[196] 陈学文,张晓平,梁爱珍,等. 耕作方式对黑土耕层孔隙分布和水分特征的影响[J]. 干旱区资源与环境,2006,26(6):114-120.

[197] 陈玉华,张岁岐,田海,等. 地膜覆盖及施用有机肥对地温及冬小麦水分利用的影响[J]. 土壤通报,2010,3(3):59-63.

[198] 陈源泉,隋鹏,高旺盛,等. 中国主要农业区保护性耕作模式技术特征量化分析[J]. 农业工程学报,2012,28(18):1-7.

[199] 程科,李军,毛红玲. 不同轮耕模式对黄土高原旱作麦田土壤物理性状的影响[J]. 中国农业科学, 2013,46(18):3800-3808.

[200] 戴珏,林先贵,胡君利,等. 免耕对潮土不同粒级团聚体有机碳含量及微生物碳代谢活性的影响[J]. 土壤学报, 2010,47(5):923-930.

[201] 戴明宏,赵久然,王璞. 基于 CERES-Maize 模型春玉米水分优化管理决策[J]. 水土保持学报,2009,23(1):187-192.

[202] 丁昆仑. 深松耕作对土壤水分物理特性作物生长的影响[J]. 中国农村水利水电,1997(7):13-16.

[203] 董文旭,胡春胜,陈素英,等. 保护性耕作对冬小麦-夏玉米农田氮肥氨挥发损失的影响[J]. 中国农业科学, 2013,46(11):2278-2284.

[204] 杜建涛,何文清,Vinay Nangia,等. 北方旱区保护性耕作对农田土壤水分的影响[J]. 农业工程学报,2008,24(11):25-29.

[205] 杜菁昀,杜占池,崔骁勇. 内蒙古典型草原地区常见植物光合、蒸腾速率和水分利用效率的比较研究[J]. 草业科学, 2003(6):11-15

[206] 房全孝,于强,王建林. 利用 RZWQM-CERES 模拟华北平原农田土壤水分动态及其对作物产量的影响[J]. 作物学报,2009,35(6):1122-1130.

[207] 冯杰,郝振纯. CT 扫描确定土壤大孔隙分布[J]. 水科学进展,2002,13:611-617.

[208] 付国占,李潮海,王俊忠,等. 残茬覆盖与耕作方式对土壤性状及夏玉米水分利用效率的影响[J]. 农业工程学报, 2005, 21(1):52-56.

[209] 复鑫,彭文英,张科利,等. 北京保护性耕作条件下土壤水分动态变化研究[J]. 土壤通报,2009(1):28-33.

[210] 高飞,贾志宽,路文涛,等. 秸秆不同还田量对宁南旱区土壤水分、玉米生长及光合特性的影响[J]. 生态学报,2011,31(3):777-783.

[211] 高国雄,吴发启,闫维恒. 保护性耕作是防止沙尘暴发生的有效途径[J]. 水土保持通报, 2004,24(1):66-68.

[212] 高焕文,李洪文,李问盈. 保护性耕作的发展[J]. 农业机械学报,2008,39(9):43-48.

[213] 高焕文. 保护性耕作技术与机具[M]. 北京:化学工业出版社,2004.

[214] 高建华,张承中. 不同保护性耕作措施对黄土高原旱作农田土壤物理结构的影响[J]. 干旱地区农业研究,2010,28(4):192-196.

[215] 高亚军,李生秀. 稻麦轮作条件下长期不同土壤管理对有机质和全氮的影响[J]. 生态环境学报,2000,9(1):27-30.

[216] 宫秀杰,钱春荣,于洋,等. 深松免耕技术对土壤物理性状及玉米产量的影响[J]. 玉米科学,2009,17(5):134-137.

[217] 巩文峰,李玲玲,张晓萍,等. 保护性耕作对黄土高原旱地表层土壤理化性质变化的影响[J]. 中国农学通报, 2013,29(32):280-285.

[218] 顾国俊,季仁达,吴传万. 耕作方式与秸秆还田方式对小麦产量影响试验研究[J]. 农业科技通讯, 2012(3):29-31.

[219] 郭晓霞,刘景辉,张星杰,等. 不同耕作方式对土壤水热变化的影响[J]. 中国土壤与肥料,2010

(5):11-15,70.

[220] 韩宾,李增嘉,王芸,等. 土壤耕作及秸秆还田对冬小麦生长状况及产量的影响[J]. 农业工程学报,2007,23(2):48-53.

[221] 何传龙,李布青,殷雄,等. 新型抗旱保水剂对土壤改良和作物抗旱节水作用的初步研究[J]. 安徽农业科学,2002,30(5):771-773.

[222] 何传瑞,全智,解宏图,等. 免耕不同秸秆覆盖量对土壤可溶性氮素累积及运移的影响[J]. 生态学杂志,2016,35(4):977-983.

[223] 侯贤清,韩清芳,贾志宽,等. 宁南旱区坡地等高条带轮种对谷子产量及光合特性的影响[J]. 西北农业学报,2009,18(5):52-58.

[224] 侯贤清,贾志宽,韩清芳,等. 轮耕对宁南旱区冬小麦花后旗叶光合性能及产量的影响[J]. 中国农业科学,2011,44(15):3108-3117.

[225] 侯贤清,贾志宽,韩清芳,等. 不同轮耕模式对旱地土壤结构及入渗蓄水特性的影响[J]. 农业工程学报,2012,28(5):85-94.

[226] 侯贤清,李荣,韩清芳,等. 夏闲期不同耕作模式对土壤蓄水保墒效果及作物水分利用效率的影响[J].农业工程学报,2012,28(3):94-100.

[227] 胡富亮,郭德林,高杰,等. 种植密度对春玉米干物质、氮素积累与转运及产量的影响[J]. 西北农业学报,2013,22(6):60-66.

[228] 胡宁,娄翼来,梁雷. 保护性耕作对土壤有机碳、氮储量的影响[J].生态环境学报,2010,19(1):223-226.

[229] 胡廷积,杨永光,马元喜,等. 小麦生态与生产技术[M]. 郑州:河南科学技术出版社,1986.

[230] 黄丹丹,刘淑霞,张晓平,等. 保护性耕作下土壤团聚体组成及其有机碳分布特征[J]. 农业环境科学学报,2012,31(8):106-111.

[231] 黄高宝,郭清毅,张仁陟,等. 保护性耕作条件下旱地农田麦-豆双处理轮作体系的水分动态及产量效应[J]. 生态学报,2006,26(4):1176-1185.

[232] 黄健,王爱文,张艳茹,等. 玉米宽窄行轮换种植、条带深松、留高茬新耕作制对土壤性状的影响[J]. 土壤通报,2002,33(3):168-171.

[233] 黄明,李友军,吴金芝,等. 深松覆盖对土壤性状及冬小麦产量的影响[J].河南科技大学学报(自然科学版),2006,27(2):74-77,79.

[234] 黄明,吴金芝,李友军,等. 不同耕作方式对旱作区冬小麦生产和产量的影响[J]. 农业工程学报,2009a,25(1):50-54.

[235] 黄明,李友军,吴金芝,等. 深松覆盖对土壤性状及冬小麦产量的影响[J]. 河南科技大学学报(自然科学版),2006,27(2):74-77.

[236] 贾树龙,孟春香,任图生,等. 耕作及残茬管理对作物产量及土壤性状的影响[J].河北农业科学,2004,8(4):37-42.

[237] 江晓东,李增嘉,侯连涛,等. 少免耕对灌溉农田冬小麦/夏玉米作物水、肥利用的影响[J]. 农业工程学报,2005,21(7):20-24.

[238] 江永红,宇振荣. 秸秆还田对农田生态系统及影响[J]. 土壤通报,2001,32(5):209-213.

[239] 姜学兵,李运生,欧阳竹,等. 免耕对土壤团聚体特征以及有机碳储量的影响[J]. 中国生态农业学报,2012,20(3):270-278.

[240] 姜志伟. 基于DSSAT模型的资源高效种植模式模拟优化研究[D].北京:首都师范大学,2009.

[241] 蒋云峰,屈明秋,王月,等. 不同耕作方式对耕层土壤性质的影响[J]. 吉林师范大学学报(自然科学版),2016(1):144-146.

[242] 金峰,杨浩,赵其国. 土壤有机碳储量及影响因素研究进展[J]. 土壤,2000,32(1):11-17.

[243] 金继运,何萍. 氮钾营养对春玉米后期碳氮代谢与粒重形成的影响[J]. 中国农业科学,1999,19(4):55-62.

[244] 晋凡生,张宝林. 免耕覆盖玉米秸秆对旱塬地土壤环境的影响[J]. 生态农业研究,2000,8(3):47-50.

[245] 晋小军,黄高宝. 陇中半干旱地区不同耕作措施对土壤水分及利用效率的影响[J]. 水土保持学报,2005,19(5):108-112.

[246] 康红,朱保安,洪利辉,等. 免耕覆盖对旱地土壤肥力和小麦产量的影响[J]. 陕西农业科学,2001(9):1-3.

[247] 孔凡磊,张海林,孙国峰,等. 轮耕措施对小麦玉米两熟制农田土壤碳库特性的影响[J]. 水土保持学报,2010,24(2):150-154,183.

[248] 孔维萍,成自勇,张芮,等. 保护性耕作在黄土高原的应用和发展[J]. 干旱区研究,2015,32(2):240-250.

[249] 雷金银,吴发启,王健,等. 保护性耕作对土壤物理特性及玉米产量的影响[J]. 农业工程学报,2008,24(10):40-45.

[250] 李安宁,范学民,吴传云,等. 保护性耕作现状及发展趋势[J]. 农业机械学报,2006,37(10):177-180.

[251] 李成芳,寇志奎,张枝盛,等. 秸秆还田对免耕稻田温室气体排放及土壤有机碳固定的影响[J]. 农业环境科学学报,2011,30(11):2362-2367.

[252] 李德成,VELDE B,DELERUE J F,等. 免耕制度下耕作土壤结构演化的数字图像分析[J]. 土壤学报,2002,39(2):214-220.

[253] 李国强,陈丹丹,张建涛,等. 基于 DSSAT 模型的河南省小麦生产潜力定量模拟与分析[J]. 麦类作物学报,2016,36(4):507-515.

[254] 李华,王朝辉,李生秀. 旱地小麦地表覆盖对土壤水分硝态氮累积分布影响[J]. 农业环境科学学报,2011,30(7):1371-1377.

[255] 李辉,张军科,江长胜,等. 耕作方式对紫色水稻土有机碳和微生物生物量碳的影响[J]. 生态学报,2012,32(1):247-255.

[256] 李江涛,钟晓兰,张斌,等. 长期施用畜禽粪便对土壤孔隙结构特征的影响[J]. 水土保持学报,2010,2(6):137-180.

[257] 李景,吴会军,武雪萍,等. 长期保护性耕作提高土壤大团聚体含量及团聚体有机碳的作用[J]. 植物营养与肥料学报,2015,21(2):378-386.

[258] 李娟,王丽,李军,等. 轮耕对渭北旱塬玉米连作系统土壤水分和作物产量的影响[J]. 农业工程学报,2015,31(16):110-118.

[259] 李琳,李素娟,张海林,等. 保护性耕作下土壤碳库管理指数的研究[J]. 水土保持学报,2006,20(3):106-109.

[260] 李荣,侯贤清. 深松条件下不同地表覆盖对马铃薯产量及水分利用效率的影响[J]. 农业工程学报,2015,31(20):115-123.

[261] 李少昆,王克如,冯聚凯,等. 玉米秸秆还田与不同耕作方式下影响小麦出苗的因素[J]. 作物学报,2006,32(3):463-465.

[262] 李生秀,胡田田,高亚军. 旱地土壤的合理施肥[J]. 干旱地区农业研究,1993,11(S):1-6.

[263] 李树岩,刘荣花,成林. 基于 CERES-Maize 的黄淮平原夏玉米阶段缺水模拟分析[J]. 玉米科学,2013(5):151-156.

[264] 李树岩,王靖,余卫东,等. 气候变化对河南省夏玉米主栽品种发育期的影响模拟[J]. 中国农业气象,2015,36(4):479-488.

[265] 李素娟,陈继康,陈阜,等. 华北平原免耕冬小麦生长发育特征研究[J]. 作物学报,2008,34(2):290-296.

[266] 李素娟,李琳,陈阜,等. 保护性耕作对华北平原冬小麦水分利用的影响[J]. 华北农学报,2007,22(s1):115-120.

[266] 李艳,刘海军,黄冠华. 基于RZWQM模型的冬小麦-夏玉米水氮管理评价[J]. 农业机械学报,2015,46(6):111-120.

[268] 李阳兵,谢德体,魏朝富,等. 利用方式对岩溶山地土壤团粒结构的影响研究[J]. 长江流域资源与环境,2002,11(5):451-455.

[269] 李勇,曹红娣,储亚云,等. 麦秆还田氮肥运筹对水稻产量及土壤氮素供应的影响[J]. 土壤,2010,42(4):569-573.

[270] 李友军,吴金芝,黄明,等. 不同耕作方式对小麦旗叶光合特性和水分利用效率的影响[J]. 农业工程学报,2006,22(12):44-48.

[271] 李云鹏,裴浩,李兴华,等. 阴山丘陵区土壤深松增墒水分动态研究[J]. 应用气象学报,2000,11(增):155-163.

[272] 李长生. 土壤碳储量减少:中国农业之隐患——中美农业生态系统碳循环对比研究[J]. 第四纪研究,2000,20(4):345-350.

[273] 梁爱珍,杨学明,张晓平,等. 免耕对东北黑土水稳性团聚体中有机碳分配的短期效应[J]. 中国农业科学,2009,42(8):2801-2808.

[274] 梁勇,杨彩霞. 临潭县旱区地膜春小麦覆膜方式对比试验初报[J]. 干旱地区农业研究,2001,19(2):25-30.

[275] 林心雄,文启孝,徐宁. 广州地区土壤中植物残体的分解速率[J]. 土壤学报,1985,22(1):47-55.

[276] 刘定辉,陈尚洪,舒丽,等. 四川盆地丘陵区秸秆还田少免耕对土壤水分特征的影响[J]. 干旱地区农业研究,2009,27(6):119-128.

[277] 刘恩科,梅旭荣,龚道枝,等. 不同生育时期干旱对冬小麦氮素吸收与利用的影响[J]. 植物生态学报,2010,34(5):555-562.

[278] 刘芳,雷海霞,王英,等. 我国免耕技术的发展及应用[J]. 湖北农业科学,2010,49(10):2557-2562.

[279] 刘海涛,胡克林,李保国,等. 土壤剖面性质差异对农田水氮过程和作物产量的影响[J]. 中国农业科学,2015,48(7):1348-1360.

[280] 刘建刚,褚庆全,王光耀,等. 基于DSSAT模型的氮肥管理下华北地区冬小麦产量差的模拟[J]. 农业工程学报,2013,29(23):124-129.

[281] 刘连华,陈源泉,杨静,等. 免耕覆盖对不同质地土壤水分与作物产量的影响[J]. 生态学杂志,2015,34(2):393-398.

[282] 刘婷,贾志宽,张睿,等. 秸秆覆盖对旱地土壤水分及冬小麦水分利用效率的影响[J]. 西北农林科技大学学报(自然科学版),2010,38(7):68-76.

[283] 刘绪军,荣建东. 深松耕法对土壤结构性能的影响[J]. 水土保持应用技术,2009(1):9-11.

[284] 刘义国,刘永红,刘洪军,等. 秸秆还田量对土壤理化性状及小麦产量的影响[J]. 中国农学通报,2013,29(3):131-135.

[285] 刘玉兰,陈晓光,肖云清,等. CERES-Maize模型中遗传参数确定方法的研究[J]. 玉米科学,2007,15(6):127-129.

[286] 刘战东,秦安振,刘祖贵,等.深松耕作对夏玉米生长生理指标和水分利用的影响[J].灌溉排水学报,2014,33(4):378-381.

[287] 刘中良,宇万太.土壤团聚体中有机碳研究进展[J].中国生态农业学报,2011,19(2):447-455.

[288] 鲁向晖,穆兴民,Vinay Nangia,等.DSSAT模型对豫西冬小麦保护性耕作效应模拟效果验证[J].干旱地区农业研究,2010,28(3):64-70.

[289] 路文涛,贾志宽,张鹏.宁南旱区有机培肥对冬小麦光合特性和水分利用效率的影响[J].植物营养与肥料学报,2011,17(5):1066-1074.

[290] 罗永藩.我国少耕与免耕技术推广应用情况与发展前景[J].耕作与栽培,1991(2):1-7.

[291] 罗珠珠,黄高宝,Li G D,等.保护性耕作对旱作农田耕层土壤肥力及酶活性的影响[J].植物营养与肥料学报,2009,15(5):1085-1092.

[292] 罗珠珠,黄高宝,张国盛.保护性耕作对黄土高原旱地表土容重和水分入渗的影响[J].干旱地区农业研究,2005,23(4):7-11.

[293] 吕菲,刘建立,何娟.利用CT数字图像和网络模型预测近饱和土壤水力学性质[J].农业工程学报,2008,24(5):10-14.

[294] 吕巨智,程伟东,钟昌松,等.不同耕作方式对土壤物理性状及玉米产量的影响[J].中国农学通报,2014,30(30):38-43.

[295] 吕丽华,陶洪斌,王璞,等.种植密度对夏玉米碳氮代谢和氮利用率的影响[J].作物学报,2008,34(4):718-723.

[296] 吕美蓉,李增嘉,张涛,等.少免耕与秸秆还田对极端土壤水分及冬小麦产量的影响[J].农业工程学报,2010,26(1):41-46.

[297] 毛红玲,李军,贾志宽,等.旱作麦田保护性耕作蓄水保墒和增产增收效应[J].农业工程学报,2010,26(8):44-51.

[298] 苗以农.大豆光合作用与产量研究的概述[J].大豆通报,1999(1):25-26.

[299] 缪雄谊,叶思源,韩宗珠,等.免耕的固碳效应研究进展[J].中国农学通报,2014,30(12):32-39.

[300] 慕松,司马兰兰,辛少仙.玉米覆膜沟穴播综合栽培技术对产量和水分利用效率效应的试验研究[J].干旱地区农业研究,2000,18(4):13-18.

[301] 农业部国家发展改革委通知.关于印发《保护性耕作工程建设规划(2009—2015年)》的通知(农计发[2009]7号).2009.

[302] 欧少亭.林业管理常用标准及政策法规汇编——森林土壤渗透性测定[M].长春:吉林电子出版社,2002.

[303] 彭文英.免耕措施对土壤水分及利用效率的影响[J].土壤通报,2007,38(2):379-383.

[304] 戚昌瀚,殷新佑.作物生长模拟的研究进展[J].作物杂志,1994(4):1-2.

[305] 秦红灵,高旺盛,马月,等.两年免耕后深松对土壤水分的影响[J].中国农业科学,2008,41(1):78-85.

[306] 秦晓东.小麦冠层氮/碳时空分布特征及与氮素利用效率的关系[D].江苏:南京农业大学,2006.

[307] 上官周平,李世清.旱地作物氮素营养生理生态[M].北京:科学出版社,2004.

[308] 宋日,刘利,吴春胜,等.东北松嫩草原土壤开垦对有机质含量及土壤结构的影响[J].中国草地学报,2009,31(4):91-95.

[309] 宋淑亚,刘文兆,王俊,等.覆盖方式对玉米农田土壤水分、作物产量及水分利用效率的影响[J].

水土保持研究,2012,19(2):210-212.

[310] 宋振伟,郭金瑞,邓艾兴,等. 耕作方式对东北春玉米农田土壤水热特征的影响[J].农业工程学报, 2012,28(16):108-114.

[311] 苏静,赵世伟. 土壤团聚体稳定性评价方法比较[J].水土保持通报,2009,29(5):114-117.

[312] 苏有健,王烨军,张永利,等. 不同耕作方式对茶园土壤物理性状及茶叶产量的影响[J]. 应用生态学报,2015,26(12):3723-3729.

[313] 孙贵臣,冯瑞云,陈凌,等. 深松免耕种植对土壤环境及玉米产量的影响[J].作物杂志,2014(4):129-132.

[314] 孙海国,雷浣群. 植物残体对土壤结构性状的影响[J].中国生态农业学报,1998,6(3):39-42.

[315] 孙汉印,姬强,王勇,等. 不同秸秆还田模式下水稳性团聚体有机碳的分布及其氧化稳定性研究[J].农业环境科学学报,2012,31(2):369-376.

[316] 孙怀卫,杨金忠,王修贵,等. 大棚控制排水对土壤水氮变化的影响[J].农业工程学报,2011,27(5):37-45.

[317] 孙敬克,李友军,黄明,等. 不同耕作方式对豫西小麦产量及效益的影响[J].知识经济,2009(11):117-118.

[318] 孙利军,张仁陟,黄高宝. 保护性耕作对黄土高原旱地地表土壤理化性状的影响[J].干旱地区农业研究,2007,25(6):207-211.

[319] 孙敏,温斐斐,高志强,等. 不同降水年型旱地小麦休闲期耕作的蓄水增产效应[J].作物学报,2014(8):1459-1469.

[320] 孙守钧,马鸿图. 高粱光合作用与产量关系的饰变[J].华北农学报,2000,15(3):45-50.

[321] 孙太靖,龚振平,马春梅. 大豆植株氮素积累与转运动态的研究[J].东北农业大学学报,2004,35(5):517-521.

[322] 孙毅,马宏,丁汉忱,等. 吉林省西部机播保苗综合增产技术研究[J]. 干旱地区农业研究,1998,16(3):35-40.

[323] 唐晓红,邵景安,高明,等. 保护性耕作对紫色水稻土团聚体组成和有机碳储量的影响[J]. 应用生态学报,2007,18(5):1027-1032.

[324] 田慎重,王瑜,李娜,等. 耕作方式和秸秆还田对华北地区农田土壤水稳性团聚体分布及稳定性的影响[J]. 生态学报,2013,33(22):7116-7124.

[325] 全文伟,胡怀旭,王二虎,等. 河南省粮食产量周期波动分析[J]. 河南科学,2009,27(2):222-225.

[326] 中国科学院土壤研究所.土壤物理性质测定方法[M]. 北京：科学出版社,1978:328-331.

[327] 王维,韩清芳,吕丽霞,等.不同耕作模式对旱地小麦旗叶光合特性及产量的影响[J].干旱地区农业研究,2013,31(1):20-26.

[328] 王碧胜,蔡典雄,武雪萍,等. 长期保护性耕作对土壤有机碳和玉米产量及水分利用的影响[J]. 植物营养与肥料学报,2015,21(6):1455-1464.

[329] 王彩霞,刘帅,王勇,等. 不同保护性耕作方式对微团聚体有机碳氧化稳定性的影响[J]. 西北农林科技大学学报(自然科学版),2010,38(5):149-155.

[330] 王昌全,魏成明,李廷强,等. 不同免耕方式对作物产量和土壤理化性状的影响[J]. 四川农业大学学报,2001,19(2):152-154,187.

[331] 王凤,张克强,黄治平,等. RZWQM 模型介绍及其应用进展[J].农业系统科学与综合研究,2008,24(4):501-504.

[332] 王红光,石玉,王东,等.耕作方式对麦田土壤水分消耗和硝态氮淋溶的影响[J]. 水土保持学

报,2011,25(5):44-47.

[333] 王激清,韩宝文,刘社平. 施氮量和耕作方式对春玉米产量和土体硝态氮累积的影响[J]. 干旱地区农业研究,2011,29(2):129-135.

[334] 王健,蔡焕杰,陈凤,等. 夏玉米田蒸发蒸腾量与棵间蒸发的试验研究[J]. 水利学报,2004(11):108-113.

[335] 王晶,张仁陟,李爱宗. 耕作方式对土壤活性有机碳和碳库管理指数的影响[J]. 干旱地区农业研究,2008,26(6):8-12.

[336] 王靖,林琪,倪永君,等. 旱地保护性耕作对冬小麦光合特性及产量的影响[J]. 麦类作物学报,2009,29(3):480-483.

[337] 王丽学,姜熙,李勇,等. 保护性耕作对农田土壤水蚀及土壤紧实度的影响[J]. 灌溉排水学报,2014,33(2):83-85.

[338] 王维,韩清芳,吕丽霞,等. 不同耕作模式对旱地小麦旗叶光合特性及产量的影响[J]. 干旱地区农业研究,2013,31(1):20-26.

[339] 王维钰,乔博,Kashif AKHTAR,等. 免耕条件下秸秆还田对冬小麦-夏玉米轮作系统土壤呼吸及土壤水热状况的影响[J]. 中国农业科学,2016,49(11):2136-2152.

[340] 王文佳,冯浩,宋献. 基于DSSAT模型陕西杨凌不同降水年型冬小麦灌溉制度研究[J]. 干旱地区农业研究,2013,31(4):1-10.

[341] 王宪良,王庆杰,李洪,等. 免耕条件下轮胎压实对土壤物理特性和作物根系的影响[J/OL]. 农业机械学报,2017,48(6):168-175.

[342] 王小彬,蔡典雄,金轲,等. 旱坡地麦田夏闲期耕作措施对土壤水分有效性的影响[J]. 中国农业科学,2003,36(9):1044-1049.

[343] 王晓娟,贾志宽,梁连友,等. 旱地施有机肥对土壤有机质和水稳性团聚体的影响[J]. 应用生态学报,2012,23(1):159-165.

[344] 王新建,张仁陟,毕冬梅,等. 保护性耕作对土壤有机碳组分的影响[J]. 水土保持学报,2009,23(2):115-121

[345] 王幸,王宗标,齐玉军,等. 保护性耕作研究与应用进展[J]. 江苏农业科学,2014,42(5):3-7.

[346] 王秀英. 不同水氮条件对燕麦氮素吸收转运和积累的影响[J]. 西南师范大学学报(自然科学版),2014,39(11):101-107.

[347] 王勇,姬强,刘帅,等. 耕作措施对土壤水稳性团聚体及有机碳分布的影响[J]. 农业环境科学学报,2012,31(7):1365-1373.

[348] 王有宁,王荣堂,董秀荣. 地膜覆盖棉花、玉米、大豆地的降温效应研究[J]. 中国农业气象,2003,24(4):45-47.

[349] 王育红,蔡典雄,姚宇卿,等. 豫西旱坡地长期定位保护性耕作研究-I.连年免耕和深松覆盖对冬小麦生育及产量的影响[J]. 干旱地区农业研究,2009,27(5):47-51.

[350] 王增丽,冯浩,方圆. 麦秸预处理方式对黄绵土结构及低吸力段持水性的影响[J]. 农业机械学报,2012,43(7):56-62,72.

[351] 王长生,王遵义,苏成贵,等. 保护性耕作技术的发展现状[J]. 农业机械学报,2004,35(1):167-169.

[352] 魏燕华,赵鑫,翟云龙,等. 耕作方式对华北农田土壤固碳效应的影响[J]. 农业工程学报,2013,29(17):87-95.

[353] 文新亚,陈阜. 基于DSSAT模型模拟气候变化对不同品种冬小麦产量潜力的影响[J]. 农业工程学报,2011,27(Z2):74-79.

[354] 吴崇海, 顾士领. 高留麦茬的整体效应与配套技术研究[J]. 干旱地区农业研究, 1996(1):43-48.

[355] 吴华山, 陈效民, 陈粲. 利用CT扫描技术对太湖地区主要水稻土中大孔隙的研究[J]. 水土保持学报, 2007, 21: 175-178.

[356] 吴金芝, 黄明, 李友军, 等. 不同耕作方式对冬小麦光合作用产量和水分利用效率的影响[J]. 干旱地区农业研究, 2008, 26(5): 17-21.

[357] 武海霞, 耿宝江. 保护性耕作对黑土区坡耕地土壤水分的影响[J]. 人民长江, 2011, 42(9): 105-107.

[358] 武继承, 张长明, 王志勇, 等. 河南省降水资源高效利用技术研究与应用[J]. 干旱地区农业研究, 2003, 21(3):152-155.

[359] 肖俊夫, 刘战东, 段爱旺, 等. 不同土壤水分条件下冬小麦根系分布规律及其耗水特性研究[J]. 中国农村水利水电, 2007(8): 18-21.

[360] 许翠平, 刘洪禄, 车建明, 等. 秸秆覆盖对冬小麦耗水特征及水分生产率的影响[J]. 灌溉排水, 2002, 21(3):24-27.

[361] 许迪, Schmi R, Mermoud A. 耕作方式对土壤水动态变化及夏玉米产量的影响[J]. 农业工程学报, 1999, 15(3):101-106.

[362] 薛少平, 朱琳, 姚万生, 等. 麦草覆盖与地膜覆盖对旱地可持续利用的影响[J]. 农业工程学报, 2002, 18(6):71-73.

[363] 薛长亮, 张克强, 杨德光, 等. RZWQM模拟小麦-玉米轮作系统氮素运移及损失特征[J]. 中国生态农业学报, 2015(2):150-158.

[364] 严波. 不同耕作方式对宁南旱地土壤团聚体的影响[J]. 干旱地区农业研究, 2010, 28(3):58-63.

[365] 杨靖民. 利用模型对黑土条件下玉米生长和土壤碳氮循环的模拟研究[D]. 长春: 吉林农业大学, 2011.

[366] 杨培岭, 罗远培, 石元春. 用粒径的重量分布表征的土壤分形特征[J]. 科学通报, 1993, 38(20): 1896-1899.

[367] 杨勤, 许吟隆, 林而达, 等. 应用DSSAT模型预测宁夏春小麦产量演变趋势[J]. 干旱地区农业研究, 2009, 27(2):41-48.

[368] 杨文平, 单长卷, 胡喜巧, 等. 土壤干旱对冬小麦拔节期叶片碳代谢的影响[J]. 河南农业科学, 2008, 37(9):20-22.

[369] 杨学明, 张晓平, 方华军. 农业土壤固碳对缓解全球变暖的意义[J]. 地理科学, 2003, 23(1): 101-106.

[370] 杨永辉, 吴普特, 武继承, 等. 保水剂对冬小麦土壤水分和光合生理特征的影响[J]. 中国水土保持科学, 2010, 8(5): 36-41.

[371] 杨永辉, 吴普特, 武继承, 等. 保水剂对冬小麦不同生育阶段土壤水分及利用的影响[J]. 农业工程学报, 2010, 26(12):19-26.

[372] 杨永辉, 武继承, 何方, 等. 保水剂用量对冬小麦光合特性及水分利用的影响[J]. 干旱地区农业研究, 2009, 27(4): 131-135.

[373] 杨永辉, 武继承, 毛永萍, 等. 利用计算机断层扫描技术研究土壤改良措施下土壤孔隙[J]. 农业工程学报, 2013, 29(23): 99-108.

[374] 杨永辉, 武继承, 吴普特, 等. 保水剂对小麦生长及生理特性的影响[J]. 干旱地区农业研究, 2011, 29(3): 133-137.

[375] 杨永辉, 武继承, 吴普特, 等. 冬小麦不同生育阶段水分利用对保水剂与氮肥的响应[J]. 中国

生态农业学报,2012,20(7):888-894.

[376] 杨永辉,武继承,赵世伟,等. PAM 的土壤保水性能研究[J]. 西北农林科技大学学报(自然科学版),2007,35(12):120-122.

[377] 杨永辉,赵世伟,黄占斌,等. 沃特多功能保水剂保水性能研究[J]. 干旱地区农业研究,2006,24(5):35-37.

[378] 杨永辉,赵世伟,雷廷武,等. 宁南黄土丘陵区不同植被下土壤入渗性能[J]. 应用生态学报,2008,19(5):1040-1045.

[379] 杨永辉,吴普特,武继承,等. 复水前后冬小麦光合参数对保水剂用量的响应[J]. 农业机械学报,2011,42(7):116-123.

[380] 杨永辉,武继承,韩庆元,等. 保水剂对土壤孔隙影响的定量分析[J]. 中国水土保持科学,2011,9(6):88-93.

[381] 杨永辉,武继承,李学军,等. 耕作和保墒措施对冬小麦生育时期光合特征及水分利用的影响[J]. 中国生态农业学报,2014,22(5):534-542.

[382] 杨永辉,武继承,王洪庆,等. 不同耕作与保墒措施对小麦、玉米周年水分利用效率的影响[J]. 灌溉排水学报,2014,33(4/5):63-66.

[383] 杨永辉,武继承,吴普特,等. 秸秆覆盖与保水剂对土壤结构、蒸发及入渗过程的作用机制[J]. 中国水土保持科学,2009,7(5):70-75.

[384] 杨永辉,武继承,张洁梅,等. 耕作方式对土壤水分入渗、有机碳含量及土壤结构的影响[J]. 中国生态农业学报,2017,25(2):258-266.

[385] 杨永辉. 土壤结构特征对坡地雨水转化的影响[D]. 咸阳:中国科学院水土保持与生态环境研究中心,2006.

[386] 杨志臣,吕贻忠,张凤荣,等. 秸秆还田和腐熟有机肥对水稻土培肥效果对比分析[J]. 农业工程学报,2008,24(3):214-218.

[387] 姚宁,周元刚,宋利兵,等. 不同水分胁迫条件下 DSSAT-CERES-Wheat 模型的调参与验证[J]. 农业工程学报,2015,31(12):138-150.

[388] 姚宇卿,吕军杰,王育红,等. 保持耕作对豫西旱地冬小麦产量及效益的影响[J]. 干旱地区农业研究,2002,20(4):42-44.

[389] 于舜章,陈雨海,周勋波,等. 冬小麦期覆盖秸秆对夏玉米土壤水分动态变化及产量的影响[J]. 水土保持学报,2004,18(6):177-178.

[390] 于同艳,张兴. 耕作措施对黑土农田耕层水分的影响[J]. 西南大学学报(自然科学版),2007,29(3):121-124.

[391] 余海英,彭文英,马秀,等. 免耕对北方旱作玉米土壤水分及物理性质的影响[J]. 应用生态学报,2011,22(1):99-104.

[392] 余坤,冯浩,王增丽,等. 氨化秸秆还田改善土壤结构增加冬小麦产量[J]. 农业工程学报,2014,30(15):165-173.

[393] 余廷丰,熊桂云,张继铭,等. 秸秆还田对作物产量和土壤肥力的影响[J]. 湖北农业科学,2008,47(2):169-171.

[394] 张保军,韩海,朱芬萌,等. 地膜小麦土壤温度动态变化研究[J]. 水土保持研究,2000,7(1):59-62.

[395] 张大伟,刘建,王波,等. 连续两年秸秆还田与不同耕作方式对直播稻田土壤理化性质的影响[J]. 江西农业学报,2009,21(8):53-56.

[396] 张冬梅,池宝亮,黄学芳. 地膜覆盖导致旱地玉米减产的负面影响[J]. 农业工程学报,2008,24

(4):99-102.

[397] 张凤华, 王建军. 不同轮作模式对土壤团聚体组成及有机碳分布的影响[J]. 干旱地区农业研究, 2014,32(4):113-116.

[398] 张国盛, Chan K Y, Li G D, 等. 长期保护性耕种方式对农田表层土壤性质的影响[J]. 生态学报, 2008,28(6):2722-2728.

[399] 张海林, 陈阜, 秦耀东, 等. 覆盖免耕夏玉米耗水特性的研究[J]. 农业工程学报, 2002,18(2): 36-40.

[400] 张海林, 高旺盛, 陈阜, 等. 保护性耕作研究现状、发展趋势及对策[J]. 中国农业大学学报, 2005,10(1):16-20.

[401] 张海林, 孙国峰, 陈继康, 等. 保护性耕作对农田碳效应影响研究进展[J]. 中国农业科学, 2009,42(12):4275-4281.

[402] 张海林, 陈阜, 秦耀东, 等. 覆盖免耕夏玉米耗水特性的研究[J]. 农业工程学报, 2002,18(2):36-40.

[403] 张建军, 王勇, 樊廷录, 等. 耕作方式与施肥对陇东旱塬冬小麦-春玉米轮作农田土壤理化性质及产量的影响[J]. 应用生态学报, 2013,24(4):1001-1008.

[404] 张建军, 王勇, 唐小明, 等. 陇东黄土旱塬不同耕作方式及施肥处理对冬小麦产量和土壤肥力的影响[J]. 干旱地区农业研究, 2010,28(1):247-254.

[405] 张静, 温晓霞, 廖允成, 等. 不同玉米秸秆还田量对土壤肥力及冬小麦产量的影响[J]. 植物营养与肥料学报, 2010,16(3):612-619.

[406] 张丽华, 李军, 贾志宽, 等. 渭北旱塬保护性耕作对冬小麦-春玉米轮作田蓄水保墒效果和产量的影响[J]. 应用生态学报, 2011a,22(7):1750-1758.

[407] 张丽华, 李军, 贾志宽, 等. 不同保护性耕作对渭北旱塬麦玉轮作田肥力和产量的影响[J]. 干旱地区农业研究, 2011b,29(4):199-207.

[408] 张鹏, 贾志宽, 王维, 等. 秸秆还田对宁南半干旱地区土壤团聚体特征的影响[J]. 中国农业科学, 2012,45(8):1513-1520.

[409] 张芊, 任理. 应用根系层水质模型分析冬小麦-夏玉米轮作体系的农田水氮利用效率Ⅱ:模型的验证与情景分析[J]. 水利学报, 2012,43(3):354-362.

[410] 张庆江, 张立言, 毕恒武. 春小麦品种氮的吸收积累和转运特征及与籽粒蛋白质的关系[J]. 作物学报, 1997,23(6):712-718.

[411] 张秋英, 李发东, 欧国强, 等. 土壤水对降水和地表覆盖的响应[J]. 北京林业大学学报, 2005,27 (5):37-41.

[412] 张赛, 王龙昌. 保护性耕作对土壤团聚体及其有机碳含量的影响[J]. 水土保持学报, 2013,27 (4):263-267.

[413] 张树兰, Lovdahl L, 同延安. 渭北旱塬不同田间管理措施下冬小麦产量及水分利用效率[J]. 农业工程学报, 2005,21(4):20-24.

[414] 张四海, 曹志平, 张国, 等. 保护性耕作对农田土壤有机碳库的影响[J]. 生态环境学报, 2012,21 (2):199-205.

[415] 张先凤, 朱安宁, 张佳宝, 等. 耕作管理对潮土团聚体形成及有机碳累积的长期效应[J]. 中国农业科学, 2015,48(23):639-648.

[416] 张晓光. 半干旱区保护性耕作的效应[J]. 水土保持应用技术, 2014,3:9-11.

[417] 张永丽, 于振文. 灌水量对小麦氮素吸收、分配、利用及产量与品质的影响[J]. 作物学报, 2008, 34(5): 870-878.

[418] 张永清,苗果园. 水分胁迫条件下有机肥对小麦根苗生长的影响[J]. 作物学报,2006,32(6): 811-816.

[419] 张宇,张海林,陈继康,等. 耕作方式对冬小麦田土壤呼吸及各组分贡献的影响[J]. 中国农业科学, 2009,42(9):3354-3360.

[420] 张玉娇,李军,郭正,等. 渭北旱塬麦田保护性轮耕方式的产量和土壤水分效应长周期模拟研究 [J]. 中国农业科学, 2015a,48(14):2730-2746.

[421] 张玉娇,李军,郭正,等. 渭北旱塬免耕/深松轮耕麦田产量和土壤水分对施肥的响应模拟[J]. 作物学报,2015b,41(11):1726-1739.

[422] 张云兰,王龙昌,邹聪明,等. 保护性耕作对小麦生长和水分利用效率的影响[J]. 干旱地区农 业研究,2010,28(2):71-74.

[423] 张振江. 长期麦秆直接还田对作物产量与土壤肥力的影响[J]. 土壤通报,1998(4):154-155.

[424] 赵红香,迟淑筠,宁堂原,等. 科学耕作与留茬改良小麦–玉米两熟农田土壤物理性状及增产效 果[J]. 农业工程学报,2013,29(9):113-122.

[425] 赵会杰,邹琦,张秀英. 两个不同穗型小麦品种生育后期碳水化合物代谢的比较研究[J]. 作物 学报, 2003,29(5):676-681.

[426] 赵聚宝,梅旭荣,薛红军,等. 秸秆覆盖对旱地作物水分利用效率的影响[J]. 中国农业科学, 1996,29(2):59-66.

[427] 赵亮. RZQWM 模型模拟夏玉米生长条件下土壤水分及氮素分布研究[J]. 节水灌溉, 2013(9): 30-35, 39.

[428] 赵世伟,赵勇钢,吴金水. 黄土高原植被演替下土壤孔隙的定量分析[J]. 中国科学:地球科学, 2010,40(2):223-231.

[429] 赵廷祥. 农业保护性耕作与生态环境保护[J]. 农村牧区机械化,2002(4):7-8.

[430] 赵小蓉,赵燮京,陈先藻. 保护性耕作对土壤水分和小麦产量的影响[J]. 农业工程学报,2009,25 (S1):6-10.

[431] 赵雪飞,王丽金,李瑞奇,等. 不同灌水次数和施氮量对冬小麦群体动态和产量的影响[J]. 麦 类作物学报, 2009,29(6):1004-1009.

[432] 赵亚丽,郭海斌,薛志伟,等. 耕作方式与秸秆还田对冬小麦–夏玉米轮作系统中干物质生产和 水分利用效率的影响[J]. 作物学报, 2014,40(10):1797-1807.

[433] 郑成岩,崔世明,王东,等. 土壤耕作方式对小麦干物质生产和水分利用效率的影响[J]. 作物学 报, 2011,37(8):1432-1440.

[434] 郑世宗,卢成,柯惠英. 不同水肥模式单季水稻生长特性研究[J]. 中国农村水利水电,2007(10): 34-37.

[435] 中国科学院土壤研究所. 土壤物理性质测定方法[M]. 北京:科学出版社, 1978:328-331.

[436] 钟兆站,赵聚宝,梅旭荣. 旱地春玉米草纤维膜覆盖的农田生态效应[J]. 生态农业研究,1998,6 (3):25-29.

[437] 周静,张仁陟. 不同耕作措施下春小麦应对干旱胁迫的生理响应[J]. 干旱区研究,2010,27(1): 39-43.

[438] 周虎,吕贻忠,杨志臣,等. 保护性耕作对华北平原土壤团聚体特征的影响[J]. 中国农业科学, 2007,40(9):1973-1979.

[439] 周虎,吕贻忠,李保国. 土壤结构定量化研究进展[J]. 土壤学报,2009,46(3):501-506.

[440] 周静,张仁陟. 不同耕作措施下春小麦应对干旱胁迫的生理响应[J]. 干旱区研究, 2010, 27 (1): 39-43.

[441] 周始威,胡笑涛,王文娥,等.基于 RZWQM 模型的石羊河流域春小麦灌溉制度优化[J].农业工程学报,2016,32(6):121-129.

[442] 周兴祥,高焕文,刘晓峰.华北平原一年两熟保护性耕作体系试验研究[J].农业工程学报,2001,17(6):81-84.

[443] 周振方,胡雅杰,马灿,等.长期传统耕作对土壤团聚体稳定性及有机碳分布的影响[J].干旱地区农业研究,2012,30(6):145-151.

[444] 朱保葛,柏惠侠,张艳,等.大豆叶片净光合速率、转化酶活性与籽粒产量的关系[J].大豆科学,2000,19(4):346-350.

[445] 朱杰,牛永志,高文玲,等.秸秆还田和土壤耕作深度对直播稻田土壤及产量的影响[J].江苏农业科学,2006(6):388-391.

[446] 朱文珊,曹明奎.秸秆覆盖免耕法的节水培肥增产效益及应用前景[J].干旱地区农业研究,1988(4):12-17.

[447] 朱显谟,李玉山,田积莹.中国土壤[M].北京:科学出版社,1978.

[448] 邹桂霞.美国关于免耕和轮作周期对侵蚀影响的研究[J].水土保持科技情报,2002(4):7-8.

[449] 邹龙.DSSAT 模型在黄土丘陵区的适用性评价及水肥管理应用[D].北京:中国科学院研究生院(教育部水土保持与生态环境研究中心),2014.